U0161489

国家"十三五"重点图书出版规划项目

新型建筑工业化丛书

吴　刚　王景全　主　编

国家重点研发计划项目(2016YFC0701703)资助
江苏省"六大人才高峰"项目(JZ-024)资助

装配式混凝土混合连接
剪力墙研究

朱张峰　郭正兴　汤　磊　著

东南大学出版社
SOUTHEAST UNIVERSITY PRESS
·南京·

内 容 提 要

本书针对当前"等同现浇"装配整体式混凝土剪力墙技术存在的性能问题与应用限制,基于装配整体式混凝土剪力墙抗震性能试验数据分析及国外先进做法,提出了集成后张无粘结预应力技术、浆锚钢筋局部无粘结技术和扣接封闭箍筋技术的装配式混凝土混合连接剪力墙。本书系统地介绍了装配式混凝土混合连接剪力墙的技术要点;通过试验研究手段,深入研究了其抗震性能;基于 ABAQUS 参数化数值分析,掌握了关键参数对其抗震性能指标的影响规律,建立了其承载力及刚度计算方法和恢复力模型,以便其设计应用;基于 OpenSees 模拟分析,提出了相关构造改进措施建议,为其进一步发展完善提供方向。

本书适用于从事装配式混凝土结构领域技术研发工作的科研与设计人员,也可为高校相关专业师生开展本技术领域教学及研究工作提供参考。

图书在版编目(CIP)数据

装配式混凝土混合连接剪力墙研究/朱张峰,郭正兴,
汤磊著.—南京:东南大学出版社,2020.10
(新型建筑工业化丛书)
ISBN 978 - 7 - 5641 - 9137 - 5

Ⅰ. ①装… Ⅱ. ①朱… ②郭… ③汤… Ⅲ. ①装配式
混凝土结构-剪力墙结构-研究 Ⅳ. ①TU398

中国版本图书馆 CIP 数据核字(2020)第 185555 号

装配式混凝土混合连接剪力墙研究
Zhuangpeishi Hunningtu Hunhe Lianjie Jianliqiang Yanjiu
著 者　朱张峰　郭正兴　汤 磊

出版发行	东南大学出版社
社　　址	南京市四牌楼 2 号　邮编:210096
出 版 人	江建中
责任编辑	丁　丁
编辑邮箱	d.d.00@163.com
网　　址	http://www.seupress.com
电子邮箱	press@seupress.com
经　　销	全国各地新华书店
印　　刷	江苏凤凰数码印务有限公司
版　　次	2020 年 10 月第 1 版
印　　次	2020 年 10 月第 1 次印刷
开　　本	787 mm×1 092 mm　1/16
印　　张	9.5
字　　数	208 千
书　　号	ISBN　978-7-5641-9137-5
定　　价	62.00 元

本社图书若有印装质量问题,请直接与营销部联系。电话(传真):025-83791830

序

改革开放近四十年来,随着我国城市化进程的发展和新型城镇化的推进,我国建筑业在技术进步和建设规模方面取得了举世瞩目的成就,已成为我国国民经济的支柱产业之一,总产值占 GDP 的 20% 以上。然而,传统建筑业模式存在资源与能源消耗大、环境污染严重、产业技术落后、人力密集等诸多问题,无法适应绿色、低碳的可持续发展需求。与之相比,建筑工业化是采用标准化设计、工厂化生产、装配化施工、一体化装修和信息化管理为主要特征的生产方式,并在设计、生产、施工、管理等环节形成完整有机的产业链,实现房屋建造全过程的工业化、集约化和社会化,从而提高建筑工程质量和效益,实现节能减排与资源节约,是目前实现建筑业转型升级的重要途径。

"十二五"以来,建筑工业化得到了党中央、国务院的高度重视。2011 年国务院颁发《建筑业发展"十二五"规划》,明确提出"积极推进建筑工业化";2014 年 3 月,中共中央、国务院印发《国家新型城镇化规划(2014—2020 年)》,明确提出"绿色建筑比例大幅提高""强力推进建筑工业化"的要求;2015 年 11 月,中国工程建设项目管理发展大会上提出的《建筑产业现代化发展纲要》中提出,"到 2020 年,装配式建筑占新建建筑的比例 20% 以上,到 2025 年,装配式建筑占新建建筑的比例 50% 以上";2016 年 8 月,国务院印发《"十三五"国家科技创新规划》,明确提出了加强绿色建筑及装配式建筑等规划设计的研究;2016 年 9 月召开的国务院常务会议决定大力发展装配式建筑,推动产业结构调整升级。"十三五"期间,我国正处在生态文明建设、新型城镇化和"一带一路"倡议实施的关键时期,大力发展建筑工业化,对于转变城镇建设模式,推进建筑领域节能减排,提升城镇人居环境品质,加快建筑业产业升级,具有十分重要的意义和作用。

在此背景下,国内以东南大学为代表的一批高校、科研机构和业内骨干企业积极响应,成立了一系列组织机构,以推动我国建筑工业化的发展,如:依托东南大学组建的新型建筑工业化协同创新中心、依托中国电子工程设计院组建的中国建筑学会工业化建筑学术委员会、依托中国建筑科学研究院组建的建筑工业化产业技术创新战略联盟等。与此同时,"十二五"国家科技支撑计划、"十三五"国家重点研发计划、国家自然科学基金等,对建筑工业化基础理论、关键技术、示范应用等相关研究都给予了有力资助。在各方面的支持下,我国建筑工业化的研究聚焦于绿色建筑设计理念、新型建材、结构体系、施工与信息化管理等方面,取得了系列创新成果,并在国家重点工程建设中发挥了重要作用。将这些成果进行总结,并出版"新型建筑工业化丛书",将有力推动建筑工业化基础理论与技术的发展,促进建筑工业化的推广应用,同时为更深层次的建筑工业化技术标准体系的研究奠定坚实的基础。

　　"新型建筑工业化丛书"应该是国内第一套系统阐述我国建筑工业化的历史、现状、理论、技术、应用、维护等内容的系列专著,涉及的内容非常广泛。该套丛书的出版,将有助于我国建筑工业化科技创新能力的加速提升,进而推动建筑工业化新技术、新材料、新产品的应用,实现绿色建筑及建筑工业化的理念、技术和产业升级。

　　是以为序。

清华大学教授
中国工程院院士　　聂建国

2017 年 5 月 22 日于清华园

丛书前言

　　建筑工业化源于欧洲,为解决战后重建劳动力匮乏的问题,通过推行建筑设计和构配件生产标准化、现场施工装配化的新型建造生产方式来提高劳动生产率,保障了战后住房的供应。从 20 世纪 50 年代起,我国就开始推广标准化、工业化、机械化的预制构件和装配式建筑。70 年代末从东欧引入装配式大板住宅体系后全国发展了数万家预制构件厂,大量预制构件被标准化、图集化。但是受到当时设计水平、产品工艺与施工条件等的限定,导致装配式建筑遭遇到较严重的抗震安全问题,而低成本劳动力的耦合作用使得装配式建筑应用减少,80 年代后期开始进入停滞期。近几年来,我国建筑业发展全面进行结构调整和转型升级,在国家和地方政府大力提倡节能减排政策引领下,建筑业开始向绿色、工业化、信息化等方向发展,以发展装配式建筑为重点的建筑工业化又得到重视和兴起。

　　新一轮的建筑工业化与传统的建筑工业化相比又有了更多的内涵,在建筑结构设计、生产方式、施工技术和管理等方面有了巨大的进步,尤其是运用信息技术和可持续发展理念来实现建筑全生命周期的工业化,可称为新型建筑工业化。新型建筑工业化的基本特征主要有设计标准化、生产工厂化、施工装配化、装修一体化、管理信息化五个方面。新型建筑工业化最大限度节约建筑建造和使用过程的资源、能源,提高建筑工程质量和效益,并实现建筑与环境的和谐发展。在可持续发展和发展绿色建筑的背景下,新型建筑工业化已经成为我国建筑业的发展方向的必然选择。

　　自党的十八大提出要发展“新型工业化、信息化、城镇化、农业现代化”以来,国家多次密集出台推进建筑工业化的政策要求。特别是 2016 年 2 月 6 日,中共中央国务院印发《关于进一步加强城市规划建设管理工作的若干意见》,强调要“发展新型建造方式,大力推广装配式建筑,加大政策支持力度,力争用 10 年左右时间,使装配式建筑占新建建筑的比例达到 30％”;2016 年 3 月 17 日正式发布的《国家“十三五”规划纲要》,也将“提高建筑技术水平、安全标准和工程质量,推广装配式建筑和钢结构建筑”列为发展方向。在中央明确要发展装配式建筑、推动新型建筑工业化的号召下,新型建筑工业化受到社会各界的高度关注,全国 20 多个省市陆续出台了支持政策,推进示范基地和试点工程建设。科技部设立了“绿色建筑与建筑工业化”重点专项,全国范围内也由高校、科研院所、设计院、房地产开发和部构件生产企业等合作成立了建筑工业化相关的创新战略联盟、学术委员会,召开各类学术研讨会、培训会等。住建部等部门发布了《装配式混凝土建筑技术标准》《装配式钢结构建筑技术标准》《装配式木结构建筑技术标准》等一批规范标准,积极推动了我国建筑工业化的进一步发展。

东南大学是国内最早从事新型建筑工业化科学研究的高校之一,研究工作大致经历了三个阶段,第一个阶段是海外引进、消化吸收再创新阶段:早在 20 世纪末,吕志涛院士敏锐地捕捉到建筑工业化是建筑产业发展的必然趋势,与冯健教授、郭正兴教授、孟少平教授等共同努力,与南京大地集团等合作,引入法国的世构体系;与台湾润泰集团等合作,引入润泰预制结构体系;历经十余年的持续研究和创新应用,完成了我国首部技术规程和行业标准,成果支撑了全国多座标志性工程的建设,应用面积超过 500 万 m²。第二个阶段是构建平台、协同创新:2012 年 11 月,东南大学联合同济大学、清华大学、浙江大学、湖南大学等高校以及中建总公司、中国建筑科学研究院等行业领军企业组建了国内首个新型建筑工业化协同创新中心,2014 年入选江苏省协同创新中心,2015 年获批江苏省建筑产业现代化示范基地,2016 年获批江苏省工业化建筑与桥梁工程实验室。在这些平台上,东南大学一大批教授与行业同仁共同努力,取得了一系列创新性的成果,支撑了我国新型建筑工业化的快速发展。第三个阶段是自 2017 年开始,以东南大学与南京市江宁区政府共同建设的新型建筑工业化创新示范特区载体(第一期面积 5 000 m²)的全面建成为标志和支撑,将快速推动东南大学校内多个学科深度交叉,加快与其他单位高效合作和联合攻关,助力科技成果的良好示范和规模化推广,为我国新型建筑工业化发展做出更大的贡献。

然而,我国大规模推进新型建筑工业化,技术和人才储备都严重不足,管理和工程经验也相对匮乏,亟须一套专著来系统介绍最新技术,推进新型建筑工业化的普及和推广。东南大学出版社出版的"新型建筑工业化丛书"正是顺应这一迫切需求而出版,是国内第一套专门针对新型建筑工业化的丛书,丛书由十多本专著组成,涉及建筑工业化相关的政策、设计、施工、运维等各个方面。丛书编著者主要是来自东南大学的教授,以及国内部分高校科研单位一线的专家和技术骨干,就新型建筑工业化的具体领域提出新思路、新理论和新方法来尝试解决我国建筑工业化发展中的实际问题,著者资历和学术背景的多样性直接体现为丛书具有较高的应用价值和学术水准。由于时间仓促,编著者学识水平有限,丛书疏漏和错误之处在所难免,欢迎广大读者提出宝贵意见。

丛书主编 吴 刚 王景全

前　言

基于"等同现浇"理念的装配整体式混凝土剪力墙结构,其承载力、刚度、延性及耗能能力等与传统现浇结构基本相当,分析理论与设计方法也可直接套用现浇混凝土结构的既有成果。受限于我国当前行业技术水平及装配式混凝土建筑结构技术初步发展的现状,同时为满足面大量广的住宅建筑市场需求及适应快速短缺的劳动力资源条件,便于在现浇模式下推广的装配整体式混凝土剪力墙结构得到了跨越式发展,并形成了以钢筋套筒灌浆连接技术、钢筋浆锚搭接连接技术以及后浇混凝土为技术核心的结构技术体系。

课题组基于"十二五"国家科技支撑计划课题"装配式建筑混凝土剪力墙结构关键技术研究"(2011BAJ10B03)、"十三五"国家重点研发计划课题"装配式建筑关键节点连接高效施工及验收技术研究与示范"(2016YFC0701703)等科研项目的实施,较早且全过程参与了装配整体式混凝土剪力墙结构技术的研发工作,对其技术原理、工艺、效益等方面有了深入理解和全面认识。针对装配整体式混凝土剪力墙结构技术存在的开裂较早、混凝土破坏集中于拼缝部位、钢筋连接技术缺陷问题,提出了装配式混合连接剪力墙技术,其综合了后张无粘结预应力技术、浆锚钢筋局部无粘结技术及扣接封闭箍筋技术,以期进一步改善装配式混凝土剪力墙抗震性能。结合国家自然科学基金项目"新型混合装配式混凝土剪力墙抗震性能研究"(51308289),课题组开展了系列试验研究与理论分析工作,取得了一定研究成果。

本书以课题组近年来围绕装配式混合连接剪力墙开展的科研工作及取得的重要成果为基础,从技术要点、试验研究、数值分析、设计方法及构造改进等方面对该创新技术进行了系统介绍与深入解读。本书内容系统、结构完整、要点清晰,可使读者对装配式混合连接剪力墙形成全面、准确的认识,并为后续相关科研工作提供基础和参考。

本书共分 7 章,主要内容包括:第 1 章绪论,系统介绍装配式混凝土剪力墙技术发展背景、分类及代表性技术特点,详细叙述我国装配整体式混凝土剪力墙技术发展现状,并对其发展方向进行简要论述;第 2 章装配式混凝土混合连接剪力墙,深入剖析我国装配整体式混凝土剪力墙存在的问题,详细介绍装配式混凝土混合连接剪力墙的概念、关键参数及细部构造;第 3 章装配式混合连接剪力墙抗震性能试验研究,集中介绍考虑预应力筋面积、预应力筋预拉力、浆锚钢筋局部无粘结长度及轴压比参数变化的装配式混合连接剪力墙抗震性能试验,重点叙述相关试验现象、试验数据分析结果以及各参数对试件抗震性能的影响规律;第 4 章基于 ABAQUS 的装配式混合连接剪力墙抗震性能数值分析,集中介绍采用 ABAQUS 软件对试验进行模拟的具体过程,重点叙述基于试验并作为补充的有限元参数化分析结果;第 5 章装配式混合连接剪力墙设计方法,重点叙述基于试验结果及

ABAQUS 有限元参数化分析规律拟合的装配式混合连接剪力墙承载力及刚度的计算方法;第 6 章装配式混合连接剪力墙恢复力模型,重点叙述基于试验结果及 ABAQUS 有限元参数化分析规律拟合的适用于装配式混合连接剪力墙构件弹塑性分析的单调荷载、往复荷载作用下的恢复力模型;第 7 章基于 OpenSees 的装配式混合连接剪力墙构造改进,重点叙述作为已完成试验及 ABAQUS 分析工作必要补充及拓展的基于 OpenSees 平台的装配式混合连接剪力墙构造改进分析工作,论证相关构造改进方案的可行性及合理性,并给出高效的构造建议。

本书由南京工业大学土木工程学院朱张峰副教授、东南大学土木工程学院郭正兴教授、东南大学基本建设处汤磊副研究员执笔完成。本书所涉及的研究成果是作者所在课题组与课题组研究生们共同完成的,课题组成员包括东南大学土木工程学院刘家彬副教授、管东芝博士,课题组研究生包括东南大学硕士研究生朱寅、李亚坤和南京工业大学硕士研究生臧旭磊、石丰阁,课题开展过程中得到了合作单位江苏中南建筑产业集团有限责任公司的鼎力支持,在此表示衷心的感谢。

装配式混凝土混合连接剪力墙是课题组针对既有"等同现浇"装配式混凝土剪力墙技术弊病提出的一种新的解决方案,对其理解和认识将随着后续研究工作的深入而不断更新甚至改变,且由于作者理论水平与实践经验有限,书中难免存在不足甚至谬误,恳请读者批评指正。

笔　者

2020 年 4 月

目　　录

第1章

绪 论

1.1 装配式混凝土剪力墙技术概述

预制混凝土技术是构件通过工厂预制、现场装配而形成整体结构,其与现浇混凝土技术都是实现建筑行业转型升级的重要突破口。而与现浇混凝土技术相比,其突出优点表现在材料性能可靠、产品质量高、施工工期优势明显、环境污染少、自然资源消耗低、劳动力资源配置效率高且用量节约等方面[1-2],但其也存在明显缺点,如结构整体性存疑,对预制及装配的精度、质量及人员素质等要求较高等。

近年来,我国大力推进建筑产业现代化进程,2016 年《中共中央 国务院关于进一步加强城市规划建设管理工作的若干意见》要求"加大政策支持力度,力争用 10 年左右时间,使装配式建筑占新建建筑的比例达到 30％"[3]。2017 年住房和城乡建设部《建筑产业现代化发展纲要》指出,到 2020 年,装配式建筑占新建建筑的比例达到 20％;到 2025 年,比例达到 50％以上[4]。国家及行业激励政策的不断发布,表明装配式混凝土结构在我国的发展已经具备了良好的契机和优越的政策环境。

同时,在国家坚持走绿色、低碳、可持续发展道路的大形势下,材料浪费多、能耗高、环境负担重的传统建筑业面临转型升级的紧迫任务,而可有效提高材料利用率、降低能源消耗、极大减少现场湿作业的装配式混凝土结构是建筑业实现"节能、节水、节材、节地"及环保目标的重要出口。

另外,随着我国人口红利逐渐消失,一方面,劳动力供求关系将发生改变,不但以技师、技工为代表的中高级劳动力供给不足的局面仍将持续,而且一般素质的劳动力也将出现供给不足的情况;另一方面,劳动力成本将持续上升,原来依靠廉价劳动力或者劳动密集型的建筑行业将面临劳动力成本上升或劳动力短缺的状况。这也促使许多企业更为急切地寻求更高效率、更集约的工业化建筑生产方式,这为适应建筑工业化的装配式混凝土结构的发展提供了良好契机。

随着我国城镇化建设步伐的加快,住房供应日趋紧张,将装配式混凝土结构与我国住宅建筑普遍采用的剪力墙结构相结合,形成的装配式混凝土剪力墙结构,成为当前住宅市场短期较大缺口的重要解决方案之一。

从以上各个方面可以看出,在国家政策激励、行业发展导向及国家建设现实需求的综合因素作用下,充分利用预制混凝土技术的装配式混凝土建筑结构,符合我国可持续发展战略,将有效促进产业结构调整与升级,能大力提升行业技术水平,并快速增强行业从业人员素质,受到了业内广泛关注与集中发展。将装配式混凝土结构与我国住宅建筑普遍采用的剪力墙结构相结合,形成的装配式混凝土剪力墙结构,可以很好地解决我国住房供应日趋紧张、劳动力资源日益紧缺、成本快速增长等现实问题,从而具有显著的研究价值和广泛的应用前景。

根据构件抗震机制的不同,装配式混凝土剪力墙可分为全装配式和装配整体式两类。全装配式混凝土剪力墙为充分利用预制混凝土技术优势,往往通过预应力连接、螺栓连接等"干式"连接方法将预制剪力墙连接成整体,其受力机制、分析理论、设计方法及构造技术与传统现浇混凝土剪力墙有根本区别,形成了全新的结构系统;装配整体式混凝土剪力墙推行"等同现浇"理念,要求通过可靠的连接,使得装配式混凝土结构的承载力、刚度、延性及耗能能力等性能达到与现浇混凝土结构基本等同的目标,此理念来源于美国 ACI 550.1R-09[5]提出的"等同现浇"(Emulating Cast-in-place Detailing)做法,主要解决受力钢筋的连接问题,而预制构件混凝土拼缝处仅考虑混凝土受压传递内力,该做法与传统现浇混凝土结构的理论假设与设计方法保持一致,从而与传统现浇混凝土结构有紧密的衔接性。

针对全装配式和装配整体式混凝土剪力墙,国内外开展了系列技术研发工作,取得了大量试验成果,形成了多个具有代表性的技术体系,详述如下。

1.1.1　全装配式混凝土剪力墙

在装配式混凝土剪力墙技术发展过程中,为充分利用预制混凝土技术优势,全装配式混凝土剪力墙主要集中在基于预应力连接技术的研发方面,同时,也零星出现了基于螺栓连接技术及其他可用技术的多种创新技术。

(1) 基于预应力连接技术的全装配式混凝土剪力墙

针对预应力连接剪力墙的研究工作,始于 20 世纪 90 年代由美国和日本联合发起的装配式混凝土结构抗震性能研究项目 PRESSS(Precast Seismic Structural Systems)[6]。该项目为研发可应用于地震区的多层预制结构体系,开展了一栋 60% 缩尺比例的五层装配式楼房的抗震性能试验研究,并将预应力连接应用于预制剪力墙的连接,形成了具有自身受力特性的基于预应力连接技术的全装配式混凝土剪力墙。试验结果与其设计概念相吻合,预应力连接将结构或构件的非线性变形集中于连接区域,而其他部位则损伤轻微或基本保持弹性,震后仅需局部修复;由于预应力筋始终保持弹性,在卸载阶段即可提供足够的弹性回复力,从而将试件拉向"原点",减小试件卸载残余变形,形成了自复位特性[7]。

自此,预应力连接成为全装配式混凝土剪力墙采用的重要技术方法,预应力连接剪力墙亦被部分学者称为"Rocking Wall",即"摇摆墙",并在后续研究过程中得到不断完善。

Khaled A. Soudki 等人[8]对预应力连接剪力墙竖向连接节点开展了系列对比试验研究。其中,节点按所用预应力钢材及粘结状态又分为有粘结预应力钢绞线连接、有粘结预应力钢棒连接及无粘结预应力钢棒连接等多种形式。试验结果表明,各节点均具有足够的承载力和延性。同时,由于预应力筋带来的自恢复特性,试件耗能能力有一定程度降低,而以采用预应力钢绞线的节点耗能最差。同样,预应力钢筋的局部无粘结可提高节点变形能力,并可保证预应力筋始终保持弹性状态。

Felipe J. Perez 等人[9-11]对带有竖向延性连接的无粘结后张预应力装配式混凝土剪力墙组合件与单独的无粘结后张预应力装配式混凝土剪力墙在水平单调荷载作用下的受力全过程进行了理论分析,确定了消压阶段(Decompression at the Base of the Wall,DEC)、竖向延性连接件屈服(Yielding of Vertical Joint Connectors,LLJ)、有效线性极限状态(Effective Linear Limit,ELL)、后张预应力筋屈服(Yielding of Post-tensioning Steel,LLP),以及约束混凝土压溃及抗剪承载力极限状态(Base Shear Capacity,Crushing of Confined Concrete,CCC)等 5 个极限状态,并进一步进行简化,形成了反映其受力全过程的三线性理论试件(ELL、LLP 为线形转折点),见图 1-1,该理论试件与试验结果具有良好的一致性。

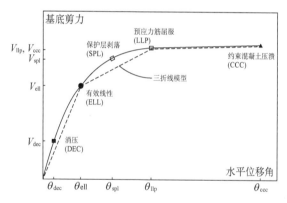

图 1-1 预应力连接剪力墙三线性理论试件[11]

基于预应力连接剪力墙技术系统的试验及理论研究工作成果,美国混凝土协会颁布了 *Acceptance Criteria for Special Unbonded Post-Tensioned Precast Structural Walls Based on Validation Testing*(ITG 5.1-07)[12]和 *Requirements for Design of a Special Unbonded Post-Tensioned Precast Shear Wall Satisfying ACI ITG - 5.1*(ITG 5.2-09)[13],以指导并促进预应力连接剪力墙技术的工程应用及后续研究。

为克服预应力连接剪力墙耗能能力较差的问题,许多学者进行了专门研究。部分学者采用了在预应力装配式剪力墙中额外引入耗能元件,包括摩擦阻尼、流体阻尼及屈服耗能阻尼,以弥补其耗能能力的不足,同时增强各墙片间的整体性,减小水平位移[14-18]。

N. H. Hamid 等人[19]将预应力连接技术和预制空心墙板技术进行有效结合,对其组合件进行了试验研究。该组合件由 6 块板组成,两端的 2 块板为承重墙板,中间 4 块板为非承重墙板。承重墙板与底座间通过预应力压接连接,非承重墙板仅通过橡胶块搁置在底座上,各块墙板间通过橡胶块形成两点连接,并填塞密封剂。其中,预应力筋采用螺纹钢筋，且在钢筋中上部设置变直径段，作为"保险丝"构造。试验中考虑了预应力筋直径、保险丝长度、橡胶块间距、有无密封剂等参数变化情况。试验结果表明，装配式混凝土空心墙板组合件具有良好的抗侧性能，在±4‰水平位移的加载下没有明显的结构破坏。

Yahya C. Kurama[20]提出了混合装配式剪力墙体系（Hybrid Precast Wall System），构造方案见图 1-2(a)，即在采用预应力连接的基础上，引入普通钢筋，"混合"使用预应力筋与普通钢筋两种材料，通过普通钢筋屈服改善剪力墙耗能能力。混合连接剪力墙中，预应力筋一般采用预应力钢绞线束，并通长无粘结，由张拉预应力筋形成的预压力及构件自身重力提供自恢复能力；普通钢筋在墙肢端部穿越拼缝，从而使其在拉、压状态下屈服耗能，弥补预应力连接剪力墙耗能能力不足的缺陷。Brian J. Smith 等人[21]将混合连接剪力墙进一步改进，改进方案见图 1.2(b)，将底层普通钢筋移至墙肢中部，其他层普通钢筋仍然设置于墙肢端部，同时，普通钢筋在拼缝位置设置了一定长度的无粘结段。底层普通钢筋仍然发挥其屈服耗能能力，而其他上层普通钢筋则不允许其屈服，以消除上层水平拼缝位置处缝隙张开及剪切滑移。另外，墙肢端部箍筋形式也由圆形螺旋箍筋改为矩形封闭箍筋，以增大混凝土核心面积。相关研究均证明：①精心设计的混合装配式混凝土剪力墙的水平变形主要模式为拼缝处缝隙的张开，相对而言，墙本身的弯曲及剪切变形的水平位移分量较小。剪力墙基本是作为一个刚体绕拼缝转动，其破坏程度明显较现浇剪力墙低。②在卸载阶段，预应力筋依靠其弹性变形，提供了竖向恢复力以使拼缝处张开的缝隙重新闭合，从而可减小震后构件残余变形。采用无粘结预应力筋，一方面，减小了预应力筋本身的应变，使其始终保持弹性状态，以提供足够的弹性恢复力；另一方面，切断了拉应力从

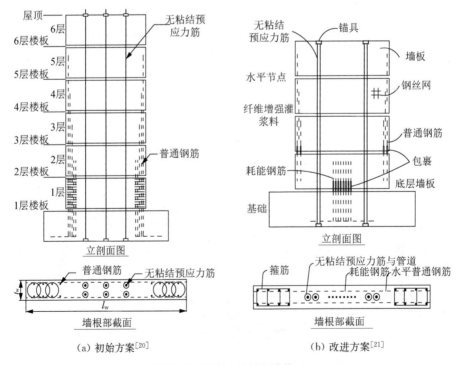

（a）初始方案[20] （b）改进方案[21]

图 1-2 混合连接剪力墙体系

预应力筋向周围混凝土的传递,从而在一定程度上避免了混凝土的开裂。同时,无粘结预应力筋一般靠近墙肢中部设置,可尽量缩短预应力筋在加载过程中的伸长,也使预应力筋远离墙肢端部的约束混凝土,延缓约束混凝土的压溃。③局部无粘结普通钢筋屈服明显滞后,也避免了低周疲劳拉断现象的发生,通过普通钢筋拉、压屈服,明显提高了构件的耗能能力,且普通钢筋的存在,有效抑制了构件沿水平拼缝的剪切滑移,改善了构件的滞回性能。

Sri Sritharan 等人[22] 提出了 PreWEC(Precast Wall with End Columns)技术,见图 1-3。该体系在预制剪力墙端部额外设置端柱(钢柱、钢管或钢筋混凝土柱),端柱与预制剪力墙之间通过竖向耗能连接件连接,他们所推荐的连接件形式为椭圆形钢带(O-connector)。相关试验结果说明,椭圆形钢带能起到良好的连接与耗能作用,预制墙板仅轻微破坏,仅靠近底座处混凝土保护层剥落,端柱无明显破坏,表现出良好的整体抗震性能。

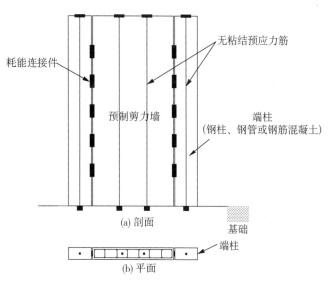

图 1-3　PreWEC 技术[22]

近年来,国内部分学者针对基于预应力连接技术的全装配式混凝土剪力墙进行了跟踪研究[23-24],为预应力连接剪力墙技术在我国的深入研究与后续应用做了开拓性工作。

(2) 基于螺栓连接技术的全装配式混凝土剪力墙

最为著名的基于螺栓连接技术的全装配式混凝土剪力墙为芬兰佩克集团的螺栓连接剪力墙技术[25],该技术已成功商业化,近年来也在国内积极开拓其应用市场。

Can Bora 等人[26]提出了一种钢板螺栓连接剪力墙,连接示意图见图 1-4。该连接构

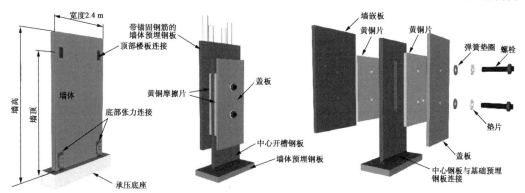

图 1-4　钢板螺栓连接剪力墙连接示意图[26]

造可通过螺栓在竖向沟槽内滑移以抑制过大的竖向内力的产生，同时可依靠初始的摩擦力提供一定的竖向抗力，可用于较薄的预制预应力混凝土墙板或预制空心墙板与基础的连接，避免连接构造的锚固失效及构件本身的脆性破坏。

Semelawy 等人[27]提出了螺栓连接带加劲肋剪力墙技术，概念示意图见图 1-5。每块预制墙板由 4 道竖向加劲肋增强，加劲肋与预制墙板之间的凸出空间设置螺栓孔，两侧加劲肋沿竖向同样设置螺栓孔，预制墙板在竖向和水平向均可通过螺栓进行装配连接，从而可以抵抗水平荷载以及由水平荷载引起的预制墙板之间的剪切变形。试验表明塑性变形集中在水平拼缝处，表现为拼缝的张开与闭合；塑性应变集中在螺栓上，而对混凝土的影响较小，可以设计成可替换方案，即震后仅需更替螺栓即可；但该方案仅能用于中低抗震设防烈度的多层建筑结构中。

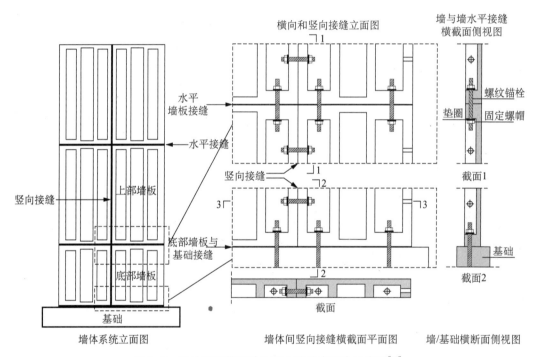

图 1-5 螺栓连接带加劲肋剪力墙技术概念示意图[27]

针对佩克螺栓连接技术和基于暗梁的螺栓连接技术，国内同样开展了跟踪研究，取得了大量试验数据成果[28-29]。

（3）基于其他可用技术的全装配式混凝土剪力墙

Peter Dusicka 等人[30]提出了一种创新的 ICF(Insulated Concrete Form)格栅剪力墙体系(图 1-6)。该体系由标准的 ICF 模块拼接而成，ICF 模块内腔形成钢筋混凝土格栅(R/C Cores)，ICF 与内部格栅共同工作，提供剪力墙构件的抗侧承载力。试验结果表明，即使 ICF 材料强度仅有格栅混凝土的 1%，其对整体墙抗侧能力的提高也是有益的。

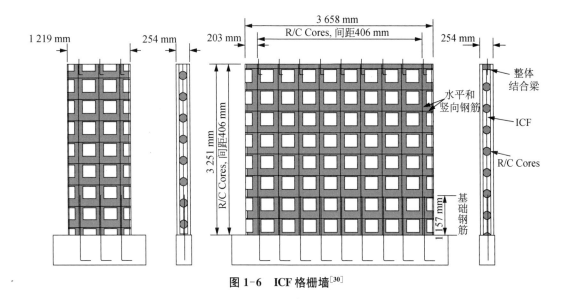

图 1-6 ICF 格栅墙[30]

1.1.2 装配整体式混凝土剪力墙

装配整体式混凝土剪力墙为实现与现浇混凝土剪力墙等同的整体性,从设计概念角度分析,只要解决预制墙板之间形成的拼缝处受力钢筋的连续传力问题,即钢筋的连接问题。为解决该问题,主要形成了基于钢筋连接技术的装配整体式剪力墙及基于核心混凝土后浇的叠合整体式混凝土剪力墙。在装配整体式混凝土剪力墙发展的过程中,也零星出现了其他创新明显的技术。

(1) 基于钢筋连接技术的装配整体式混凝土剪力墙

如前所述,"等同现浇"理念最早由美国混凝土协会在 ACI 550.1R-09[5]中提出,该报告中给出了基于钢筋搭接、钢筋机械连接及套筒浆锚连接的装配整体式剪力墙构造,见图1-7。其中,钢筋搭接和钢筋机械连接均需在墙板内预留通高竖向孔道,下层预制墙板钢筋伸出并进入上层墙板孔道内,与上层墙板对应钢筋在孔道内搭接或机械连接,后灌注高强度灌浆料拌合物形成整体连接;套筒浆锚连接需在预制墙板内预埋钢筋连接用的专用套筒(分为两端均与钢筋浆锚连接的全灌浆套筒和一端与钢筋浆锚连接、一端与钢筋螺纹连接的半灌浆套筒),钢筋插入套筒后,灌注高强度灌浆料拌合物形成整体连接。

基于钢筋连接技术的装配整体式混凝土剪力墙技术由于其技术简单且与现浇混凝土结构构造基本相同,受到国内普遍认可和重点关注,近年来取得了大量研究成果,并开展了大规模的推广应用。

(2) 基于核心混凝土后浇的叠合整体式混凝土剪力墙

根据叠合整体式混凝土剪力墙叠合方式的不同,其又可分为双面叠合剪力墙和单面叠合剪力墙。

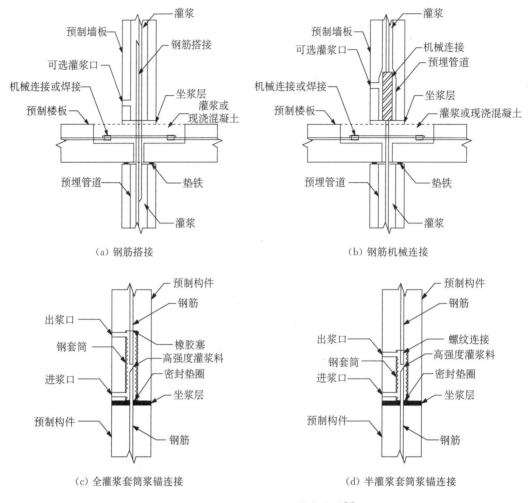

(a) 钢筋搭接 (b) 钢筋机械连接

(c) 全灌浆套筒浆锚连接 (d) 半灌浆套筒浆锚连接

图 1-7　ACI 550.1R-09 推荐构造[5]

双面叠合剪力墙以德国的"Double-Wall Precast Concrete Building System"为代表，叠合墙板由两片至少 5 cm 厚的钢筋混凝土板组成，并通过桁架钢筋牢固地连接在一起，待叠合墙板安装就位后，在两块预制板间灌注自密实混凝土，典型墙板节点照片见图 1-8(a)。

(a) 典型节点　　　　　　　　　　　　(b) 预制楼板

图 1-8　德国 Double-Wall 技术[30]

预制的两块墙板既可用作承载,同时又可作为现浇混凝土的侧模。预制叠合楼板与预制叠合墙板做法相同,仅板厚及配筋情况不同,同时,还可在上下层预制板之间填充聚氨酯发泡板以形成夹芯式,以减轻楼板自重,改善隔音效果,见图 1-8(b)。

对于预制叠合墙板的制作,德国拥有一套先进设备和制作养护工艺。其制作过程为:首先制作一侧墙板(Side A),此时应连同格构钢筋一起预制;其次,浇筑另一侧墙板(Side B),在混凝土初凝前,且 Side A 混凝土达到脱模强度时,利用吸盘将 Side A 吸附提升并翻转,垂直压入 Side B 混凝土内至规定的深度,保证叠合墙板厚度及钢筋保护层满足设计要求;最后,送入立体蒸汽养护室进行蒸汽养护。具体过程可见图 1-9。

(a) 真空吸盘

(b) A 墙板翻转

(c) A 墙板倒扣入 B 墙板

(d) 蒸汽养护

图 1-9　德国 Double-Wall 预制技术[30]

单面叠合剪力墙以我国万科集团从日本引进的 PCF(Precast Concrete Form)技术为代表,其实质为预制混凝土模板技术,即通过 50 mm 厚外壁板的预制以解决外墙板外侧支模问题,避免了外围脚手架及模板的支设。典型的 PCF 技术施工照片见图 1-10。

叠合整体式混凝土剪力墙技术由于其生产工艺与设备的先进性,近年来受到国内积极引进与专门研究,形成了多条自动化程度较高的流水生产线,也取得了大量研究成果。

图 1-10 PCF 技术施工照片

（3）其他装配整体式混凝土剪力墙

Holden Tony 等人[31]提出了一种模拟现浇装配式剪力墙单元（图 1-11），预制剪力墙插入底座预留坑槽内（坑槽深度等于预制剪力墙竖向钢筋锚固长度），沿墙长方向在墙身及底座对应位置处设置横向变形钢筋，并用高强度灌浆料将缝隙填满。相关抗震性能试验结果表明，模拟现浇装配式剪力墙单元的连接构造可保证预制剪力墙与底座的整体性，墙肢根部塑性铰充分开展，基本达到与现浇剪力墙等同，但试件残余变形较大且破坏较严重。

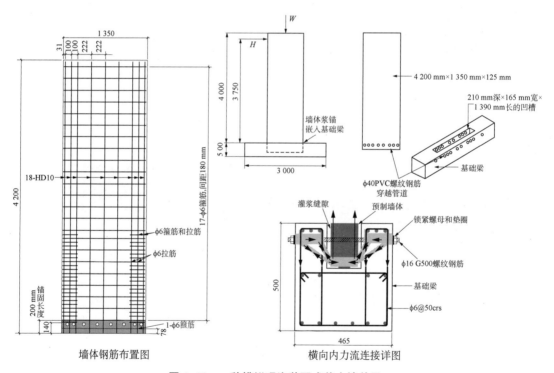

墙体钢筋布置图　　　　　　横向内力流连接详图

图 1-11 一种模拟现浇装配式剪力墙单元

另外，新加坡某工程采用如图 1-12 所示的预制墙板连接技术，剪力墙竖向连接通过剪力墙端部螺旋筋与数根竖向小钢筋焊接钢筋笼加强灌浆料小柱及上、下部墙体伸出的带镦头粗钢筋连接。分析认为该连接主要依靠上、下带镦头粗钢筋传递内力，同时，焊接钢筋笼约束灌浆料，提高其强度及其对粗钢筋的握裹力，从而保证承载力要求，但该连接部位受力近似短柱，且灌浆料较混凝土脆性更显著，因此，其延性性能尚待讨论。同时，考虑到新加坡主要是风荷载控制设计，该连接形式应足够满足受力要求。

(a) 剪力墙板预制 (b) 预制墙板堆放

(c) 剪力墙连接粗钢筋及螺旋筋 (d) 剪力墙安装

图 1-12　新加坡某工程采用的技术

1.2　我国装配式混凝土剪力墙发展现状

近年来,国家大力倡导建筑产业现代化,并力求通过装配式建筑的发展推动建筑行业的转型升级,实现建筑行业的绿色、低碳和可持续发展。因此,装配式混凝土建筑,尤其是满足我国面大量广住宅建筑的装配式混凝土剪力墙结构技术得到了飞速发展。但由于我国装配式建筑研发起步较晚,总体上仍然处于初级阶段,受到行业技术水平的制约,同时考虑到短期内发展目标的现实要求,与现浇混凝土结构可基本实现"无缝对接"的装配整体式混凝土剪力墙结构得到了普遍关注与重点发展。

当前国内装配式混凝土剪力墙技术发展主要集中在基于钢筋连接技术的装配整体式剪力墙和叠合整体式剪力墙两个方向,同时也零星出现了创新的全装配式剪力墙技术。

1)我国基于钢筋连接技术的装配整体式混凝土剪力墙发展现状

随着《装配式混凝土结构技术规程》(JGJ 1—2014)[32]和《装配式混凝土建筑技术标准》(GB/T 51231—2016)[33]的相继颁布实施,我国已基本形成了以竖向钢筋连接技术为核心的装配整体式混凝土剪力墙结构技术体系,并大致分为钢筋套筒灌浆连接技术和钢筋浆锚搭接连接技术,即上、下层预制剪力墙竖向受力钢筋连接通过钢筋套筒灌浆连接技术或钢筋浆锚搭接连接技术实现(图 1-13),同层相邻预制剪力墙之间通过后浇混凝土连接,竖向构件及水平构件通过叠合楼板叠合层现浇混凝土连接成整体。其中,钢筋套筒灌浆连接技术为引进国外成熟技术,通过对套筒及灌浆料产品的自主研制,形成了自身产品,如北京建茂建筑设备有限公司研制的 JM 灌浆套筒和 CGMJM-VI 型接头专用灌浆料、深圳现代营造科技有限公司研制的"砼的"球墨铸铁半灌浆套筒、台湾润泰集团研制的由球墨铸铁铸造而成的全灌浆套筒及柳州欧维姆机械股份有限公司针对装配式桥梁研发的 GT 型钢筋连接用灌浆套筒体系等;钢筋浆锚搭接连接技术根据成孔方式、接头约束构造及灌浆方式的不同,又分为预留孔浆锚搭接连接(约束浆锚)和波纹管浆锚搭接连接(无约束浆锚),前者通过抽芯成孔、接头处增设螺旋筋约束改善接头性能并采用压力灌浆工艺,后者通过预埋金属波纹管成孔、接头处依靠水平钢筋或边缘构件箍筋改善接头性能,并可选用压力灌浆或重力灌浆工艺。

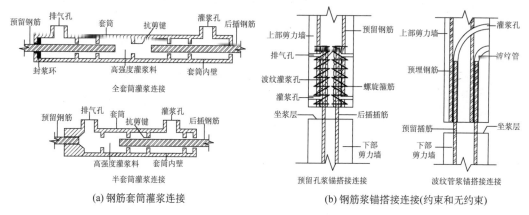

(a) 钢筋套筒灌浆连接

(b) 钢筋浆锚搭接连接(约束和无约束)

图 1-13 我国装配整体式混凝土剪力墙竖向钢筋连接技术

钢筋套筒灌浆连接技术能实现钢筋轴心传力而达到钢筋机械连接要求,成为我国当前主推的钢筋连接技术;而钢筋浆锚搭接连接由于其搭接偏心传力,其应用范围、使用部位及适用工况等均受到一定限制,往往要求进行力学性能以及适用性的试验验证。

基于近十余年的研究成果,随着行业装配式混凝土建筑技术的不断提升,当前我国装配整体式剪力墙结构的抗震性能得到广泛认可,其重要的市场应用指标即房屋的最大适用高度在其适用的抗震设防烈度条件下,与现浇混凝土结构基本等同。我国相关规范规定见表 1-1,其中,对于装配整体式剪力墙结构,当预制剪力墙构件底部承担的总剪力大于该层总剪力的 80% 时,最大适用高度应取表 1-1 中括号内的数值。

表 1-1 我国装配整体式剪力墙结构房屋的最大适用高度 单位:m

结构类型	抗震设防烈度				
	6 度	7 度	8 度(0.2g)	8 度(0.3g)	9 度
现浇结构	140	120	100	80	60
装配整体式结构	130(120)	110(100)	90(80)	70(60)	—

另外,鉴于套筒灌浆连接技术面临的预制与安装要求高、灌浆质量参差不齐且难以检测等现实问题,部分学者开展了相关改进尝试,包括采用非均匀分布的大直径钢筋套筒灌浆连接方式以减少钢筋接头[34-35];在水平拼缝部位采用接缝连接梁[36]、环筋扣合锚接[37-38]或预埋钢板螺栓连接[39]代替套筒灌浆连接;或采用带空腔的预制墙板为竖向钢筋在空腔内搭接连接提供条件,以避免采用套筒灌浆连接[40-41]。

2) 我国叠合整体式混凝土剪力墙发展现状

我国叠合整体式混凝土剪力墙技术发展同样迅速,在引进日本 PCF 技术、德国"Double-Wall Precast Concrete Building System"技术的基础上,开展了该类技术的本土化研究,如连星等[42]对叠合板式剪力墙进行了低周反复荷载试验研究和非线性分析,研究比较了结构的承载力、滞回性能和破坏模式等,认为预制叠合板式混凝土剪力墙在不同边缘约束构造措施下的叠合板式剪力墙抗震性能无明显差异;肖全东[43]基于对原Double-Wall 体系的构件构造及连接方式进行改进,对采用不同边缘构造、不同剪跨比的一字形双面叠合剪力墙试件进行低周反复荷载试验,对试件滞回曲线、骨架曲线、位移延性、刚度退化和耗能能力等进行了抗震性能评价;章红梅等[44]对单面叠合剪力墙的非线性性能进行了研究。相关研究均表明,基于国外先进的叠合墙板自动化流水生产线,适应中国抗震设计要求进行构造改进,如边缘构件部位采用箍筋代替桁架钢筋或边缘构件采用现浇形式,此类引进技术可满足我国抗震要求并具备了应用条件。

叠合整体式剪力墙由于其技术特点,在我国发展初期并不受重视,大多应用于地下车库结构中。近年来,美好集团与德国艾巴维集团达成合作,引进多条双面叠合墙自动化生产线;三一筑工在原双面叠合墙技术的基础上,进行了系统改良,形成了具有自主知识产权的装配整体式钢筋焊接网叠合混凝土结构技术(SPCS结构体系);多地纷纷投入对叠合整体式剪力墙的研发工作,形成了多个地方标准。可以看出,经过我国多年装配式建筑技术的发展与沉淀,叠合整体式剪力墙的优势得到行业重新认识,即将迎来新的发展高潮。

3) 我国全装配式混凝土剪力墙发展现状

装配整体式混凝土剪力墙获得集中研发的同时,国内部分学者也开展了全装配式混凝土剪力墙技术的研究工作,除对预应力连接剪力墙和螺栓连接剪力墙进行了跟踪研究外[23-24, 28-29],也提出了创新的全装配式混凝土剪力墙技术,如将后焊钢板剪切连接键(SSK)用于预制剪力墙竖向拼缝以减小拼缝两侧墙体相对变形[45],或通过墙板内嵌边框、水平连接钢框及高强度螺栓连接预制剪力墙以避免节点湿作业,提高施工速度[46],相关构造示意见图 1-14。

当前我国全装配式混凝土剪力墙技术尚处于萌芽状态,但随着行业对装配式混凝土技术研究和应用的不断深入,在国外相关先进理念的启发下,与我国行业特点紧密结合的全装配式混凝土剪力墙技术将会快速发展与不断完善。

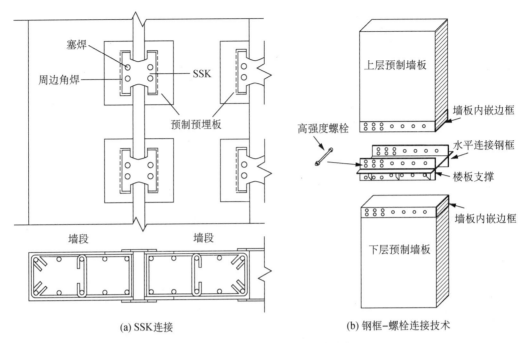

(a) SSK连接　　　　　　　　　　(b) 钢框–螺栓连接技术

图 1-14　我国全装配式剪力墙技术

1.3　我国装配式混凝土剪力墙发展方向

为适应我国人多地少的基本国情,满足城镇化进程加快带来的住房供应紧张问题,适用于住宅建筑且符合我国住房消费群体"无凸柱无凸梁"居住理念的剪力墙结构,成为我国高层、超高层住宅的主要结构形式。由此,我国装配式混凝土剪力墙技术的应用对象将同样是高层、超高层住宅建筑,考虑到国外剪力墙结构一般用于低层或多层建筑中,高层、超高层装配式混凝土剪力墙技术已然成为我国装配式建筑技术的一大特色,而研发满足高层、超高层建筑结构抗震要求的装配式混凝土剪力墙技术,则成为我国该技术领域的宏观发展方向。

基于装配式混凝土剪力墙技术的研究成果,下一阶段建议从两方面开展技术完善及突破工作:一方面,应对当前主流的装配整体式混凝土剪力墙技术进行进一步优化、完善,如加强对钢筋套筒灌浆连接技术的灌浆质量控制与检测以及钢筋浆锚搭接连接的适用性验证等方面的工作;另一方面,应大胆突破"等同现浇"理念,积极研发高效全装配式混凝土剪力墙技术,如充分利用预应力连接、螺栓连接等高效的干式连接技术以避免现场湿作业,"双管齐下"促进我国装配式混凝土剪力墙技术的不断发展和完善。

综上,我国装配式混凝土剪力墙的发展应面向我国实际社会需求和行业普遍诉求,基于既有研究基础及国际先进做法进行技术改进与技术突破,形成与我国装配式混凝土技术发展阶段及行业水平相适应的、具有中国特色的装配式混凝土剪力墙技术。

第 2 章

装配式混凝土混合连接剪力墙

2.1　我国当前装配整体式混凝土剪力墙存在问题

如前所述,目前在我国获得较多研究关注并得到较多应用的采用套筒灌浆连接、浆锚搭接连接以及约束浆锚搭接连接三种主要形式的装配整体式混凝土剪力墙,已被认为具有"等同现浇"性能,并被正式纳入《装配式混凝土结构技术规程》(JGJ 1—2014)[32]和《装配式混凝土建筑技术标准》(GB/T 51231—2016)[33]中。根据针对此三种连接技术装配整体式混凝土剪力墙的相关试件试验结果的总结分析发现,尚存在以下三方面问题,使得其性能在某些方面与传统现浇结构相比仍然有所差距:

(1) 开裂较早

根据相关试验数据统计,装配整体式混凝土剪力墙的开裂荷载对比现浇剪力墙大约在75%～100%之间(摘录国内部分试验数据见表2-1)。开裂荷载较小,意味着结构或构件在正常使用条件下的安全性降低,过早开裂也将直接影响结构的正常使用功能和耐久性能。分析认为,由于装配整体式混凝土剪力墙连接节点处混凝土的不连续,使得开裂荷载计算式[见《混凝土结构设计规范》(GB 50010—2010)[55]中式7.2.3-6)]中混凝土自身抗裂强度提供的抗裂贡献为零,从而必然造成其开裂荷载较整体浇筑的现浇剪力墙偏低。同时,混凝土天然不连续的问题同样影响结构或构件的初始或弹性刚度,初始刚度偏低将直接导致结构或构件较大的弹性位移,加快刚度退化,影响结构的舒适度等不良后果。

表 2-1　国内部分试验数据统计

数据来源	试件编号	开裂荷载/kN	开裂荷载比例	试件情况
文献[48]	SW1	190	100%	现浇试件
	SW2	—	—	墙体预制,边缘构件现浇
	SW3	190	100%	全预制,边缘构件钢筋套筒浆锚连接,竖向分布钢筋不连续
	SW4	170	89%	全预制,边缘构件钢筋套筒浆锚连接,竖向分布钢筋套筒浆锚搭接

续表 2-1

数据来源	试件编号	开裂荷载/kN	开裂荷载比例	试件情况
文献[48]	SW5	0(轴压后即开裂)	0	部分预制,底部 250 mm 高度范围现浇,钢筋套箍连接
文献[49]	XJ	210	100%	现浇试件,有水平施工缝
	JW	170	81%	全预制外墙,拼缝从底座顶面上移 600 mm,金属波纹管浆锚钢筋搭接
	JN	210	100%	全预制内墙,拼缝位于底座顶面,金属波纹管浆锚钢筋搭接
文献[50]	XJ	210	100%	现浇试件
	UN1	200	95%	边缘构件局部现浇,现浇段内钢筋连接采用 U 形套箍连接,中间分布筋采用金属波纹管浆锚搭接
文献[51]	PW1	150	100%	现浇试件
	PW2	115	77%	钢板网成孔灌浆、U 形筋搭接
	PW3	130	87%	钢板网成孔灌细石混凝土、U 形筋搭接
	PW4	120	80%	钢板网成孔灌浆、镦头钢筋搭接
	PW5	120	80%	钢板网成孔灌浆、镦头钢筋搭接
	PW6	120	80%	钢板网成孔灌细石混凝土、镦头钢筋搭接
	PW7	120	80%	钢板网成孔灌细石混凝土、镦头钢筋搭接
文献[52]	SW1	150	100%	现浇试件
	SW2	115	77%	边缘构件螺旋箍筋约束,金属波纹管浆锚钢筋搭接
	SW3	130	87%	边缘构件螺旋箍筋约束,金属波纹管浆锚钢筋搭接

(2) 混凝土破坏相对集中

通过观察相关试验照片(示例见图 2-1)可以发现,装配整体式混凝土剪力墙试件最

(a) 现浇剪力墙   (b) 装配整体式剪力墙

图 2-1 剪力墙破坏形态对比

终破坏相对集中于水平拼缝附件,一方面,局部性的破坏对于震后修复可能是有利的,但另一方面,意味着装配整体式混凝土剪力墙拼缝位置的墙端受力较现浇混凝土更为集中,若混凝土得不到良好的约束,易造成混凝土提前压溃,从而影响构件的承载力及变形能力。同时,破坏集中制约了塑性铰的扩展,也在一定程度上影响了构件的耗能能力,这也是试验中装配整体式混凝土剪力墙耗能能力相对偏低的一个重要原因。

(3) 连接构造传力特性限制

当前较流行的三种钢筋连接方式,包括套筒灌浆连接、浆锚搭接连接以及约束浆锚搭接连接,可以按其传力特性归纳为直接连接与间接连接。从受力角度来看,套筒灌浆连接属于直接传力连接,钢筋仍然仅承受轴向力,与现浇结构中通长钢筋受力没有任何区别,因此是最可靠的。而其他两种则属于间接连接,钢筋及周边混凝土均要承受偏心传力带来的不利效应,相对而言是不够可靠的。但对于套筒灌浆连接,由于其工艺问题,套筒截面较钢筋截面较大,造成截面突变,从而造成前文相关试验结果所述及的构件承载力、刚度突变以及潜在薄弱截面的存在,且从施工角度看,由于截面突变,纵筋周边箍筋的设置成为难题,若箍筋外部尺寸不变化,将不能适应此截面突变,若外部尺寸变化,将会造成套筒以外截面混凝土保护层厚度增大,减小混凝土核心面积,势必影响构件承载力及延性。对于间接连接,既有试验结果均认为通过合理、可靠的约束措施,可以克服偏心传力带来的不利效应,且不存在相关工艺难题。

由于装配整体式混凝土剪力墙在性能方面存在的以上突出问题,导致其虽被认为与现浇混凝土剪力墙相当,但其应用范围仍然受到一定限制,从表1-1中可以看出,其房屋最大适用高度较同条件现浇混凝土剪力墙降低至少 10 m。该情况虽然不致明显影响其工程应用,但从长远来看,将造成行业和社会对其抗震性能不如现浇混凝土剪力墙的错误判断,终将不利于其与现浇混凝土剪力墙技术的科学市场竞争。

2.2　装配式混凝土混合连接剪力墙的提出

从装配整体式混凝土剪力墙存在的性能问题出发,为彻底突破其当前应用限制,引入国际先进做法,并基于当前国内研发成果,提出了一种装配式混凝土混合连接剪力墙技术(Emulative Hybrid Shear Wall,以下简称 EHSW 技术),其构造示意图见图 2-2。

EHSW 技术竖向钢筋仍然采用金属波纹管浆锚搭接连接技术,主要考虑到以下制作、施工及造价等方面因素:

(1) 约束浆锚搭接连接采用抽芯成孔,成孔困难且质量不易保证,而金属波纹管浆锚搭接直接利用预埋金属波纹管成孔,制孔方便且质量可靠。

(2) 套筒灌浆连接由于套筒规格制约,钢筋与套筒内壁间隙较小,造成可调节容差也很小,要保证现场构件顺利对接,对构件制作精度较严苛,误差一般要求控制在毫米级,这对我国当前构件预制技术来讲是一个不小的挑战。

(3) 造价方面,套筒造价最高,普遍高于钢筋传统接头的数倍,在降低成本、追求利润

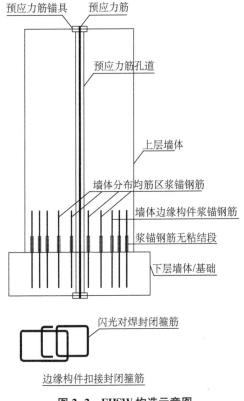

预应力筋锚具　预应力筋

预应力筋孔道

上层墙体

墙体分布均筋区浆锚钢筋

墙体边缘构件浆锚钢筋

浆锚钢筋无粘结段

下层墙体/基础

闪光对焊封闭箍筋

边缘构件扣接封闭箍筋

图 2-2　EHSW 构造示意图

的驱动下,企业自主采用积极性不高,金属波纹管的使用虽然也会带来成本的额外增加,但一般能控制在传统钢筋接头费用左右。

EHSW 技术在继续采用金属波纹管浆锚搭接连接技术的基础上,为解决前述三大问题,同时集成了以下技术:

(1)后张无粘结预应力技术。与国外混合装配式混凝土剪力墙体系或无粘结预应力装配式混凝土剪力墙体系将预应力压接作为连接各预制剪力墙的主要措施的概念不同,EHSW 引入预应力压接技术,则主要是解决装配式混凝土剪力墙开裂较早、初期刚度较低的问题,同时,期望无粘结预应力筋提供的恢复力减小构件震后残余变形。因此,在预应力筋的布置上与国外也有所区别,EHSW 无粘结预应力筋仅在墙肢中部设置,而不是在墙肢分散,并沿墙肢中心线对称布置。基于此,应可妥善解决前述的装配式混凝土剪力墙开裂较早的问题。

(2)浆锚钢筋局部无粘结技术。国外对穿越拼缝的浆锚钢筋同样做局部无粘结处理,主要是使钢筋保持弹性,限制构件沿水平拼缝的剪切滑移,局部无粘结也可避免钢筋大应变状态下的低周疲劳破坏。EHSW 引入浆锚钢筋局部无粘结技术,除前述目的外,更为重要的是期望将拉应力传递至远离拼缝部位的混凝土,从而改善拼缝附近混凝土的受力状态,人为转移或扩展混凝土可能的破坏区域,以期改善前述的装配式混凝土剪力墙破坏相对集中的问题。

(3)扣接封闭箍筋技术。既有试验已经充分证明扣接封闭箍筋对混凝土约束的有效性及对构件整体抗震性能的改善作用。EHSW 在其边缘构件的钢筋浆锚搭接范围内采用扣接封闭箍筋技术,一方面是加强混凝土约束性能,另一方面,对于搭接连接而言,扣接封闭箍筋可对其形成良好约束,从而改进其搭接传力性能,以期克服前述的连接构造传力方面的问题。

2.3　装配式混凝土混合连接剪力墙的关键参数

根据 EHSW 构造特点,影响其抗震性能的关键参数将包括无粘结预应力筋截面面积、无粘结预应力筋初始有效应力、浆锚钢筋局部无粘结长度、轴压比等参数,具体分析如下。

1) 无粘结预应力筋截面面积

由于引入了无粘结预应力连接技术,对 EHSW 抗震机制的分析应考虑预应力混凝土结构重要的抗震设计参数,即预应力强度比[具体计算见式 2.1,引自《预应力混凝土结构抗震设计规程》(JGJ/T 140—2004)[53]第 3.1.9 条]及截面混凝土受压区高度,两者是影响预应力混凝土结构抗震性能及抗震设计过程中关注的重要指标。

初步分析认为,其他条件相同的情况下,预应力筋面积越大,预应力强度比越高,截面混凝土受压区高度越大,对 EHSW 抗震越不利。因此,《预应力混凝土结构抗震设计规程》(JGJ/T 140—2004)对不同抗震等级的各种构件(包括框架梁、框架柱、平板等)均做出了有关预应力强度比或(且)截面混凝土受压区高度的上限限制。虽然《预应力混凝土结构抗震设计规程》(JGJ/T 140—2004)中没有直接、明确的针对剪力墙方面的规定,但对 EHSW 均限定为弯曲破坏或弯剪破坏,因此,可以借鉴规范条文关于预应力混凝土框架梁的相关规定,控制预应力筋面积,以满足预应力强度比的限值要求。同时,EHSW 较为有利的方面是浆锚钢筋仍然能改善构件截面受力并发挥其耗能作用,从而显著改善其抗震性能。

$$\lambda = \frac{\sigma_{pu} A_p h_p}{\sigma_{pu} A_p h_p + f_y A_s h_s} \tag{2.1}$$

式中 λ ——预应力强度比;

σ_{pu} ——无粘结预应力筋的应力设计值;

f_y ——普通钢筋抗拉强度设计值;

A_p ——受拉区预应力筋截面面积;

A_s ——受拉区非预应力筋截面面积;

h_p ——纵向受拉预应力筋合力点至截面受压边缘的有效距离;

h_s ——纵向受拉非预应力筋合力点至截面受压边缘的有效距离。

2) 无粘结预应力筋初始有效应力

在其他条件相同的情况下,无粘结预应力筋初始应力越高,EHSW 抵抗开裂的能力越强。同时,根据式 2.2[引自《无粘结预应力混凝土结构技术规程》(JGJ 92—2004)[54]第 5.1.11 条]可以发现,无粘结预应力筋的初始应力也是决定其最终应力设计值的重要参数,从而决定了 EHSW 的承载力。

$$\sigma_{pu} = \sigma_{pe} + \Delta\sigma_p \tag{2.2}$$

式中 σ_{pu} ——无粘结预应力筋的应力设计值;

σ_{pe} ——无粘结预应力筋初始有效预应力;

$\Delta\sigma_p$ ——无粘结预应力筋中的应力增量。

3) 浆锚钢筋局部无粘结长度

初步分析认为,浆锚钢筋局部无粘结,可避免墙根(水平拼缝)截面普通钢筋的应变集中,减小钢筋应变,从而延缓钢筋屈服,但也增大了屈服变形。同时,无粘结长度越大,钢筋屈服后可利用变形也越大,在混凝土不发生压溃的前提下,构件极限变形能力又得到了提高。另外,无粘结长度还关系到混凝土塑性破坏区域的转移,以及从成本考虑的话,也直接决定了浆锚钢筋的外伸长度。

4)轴压比

轴压比是剪力墙结构设计,尤其是延性抗震设计的重要控制指标。与压弯构件一样,弯曲破坏控制的剪力墙,影响其延性的最根本因素仍然是受压区高度和混凝土极限压应变。受压区高度减小和混凝土极限压应变增大均可增加截面的极限曲率,延性得到提高;反之,则延性将会降低。鉴于此,一般而言,轴压比增大,截面承载力会得到提高,但由此导致受压区高度增大,造成延性明显降低。因此,《混凝土结构设计规范》(GB 50010—2010)[55]第 11.7.16 条、《高层建筑混凝土结构技术规程》(JGJ 3—2010)[56]第 7.2.13 条、《建筑抗震设计规范》(GB 50011—2010)[47]第 6.4.2 条等现行国家标准条文均对剪力墙的轴压比提出了明确的控制要求。控制剪力墙的轴压比,即是控制剪力墙承受的竖向荷载和截面法向应力,减小截面混凝土的受压区高度,使剪力墙在底部加强区的塑性铰有足够的转动能力,从而增强构件及结构延性。

2.4 装配式混凝土混合连接剪力墙的细部构造

由于 EHSW 综合运用了后张无粘结预应力技术、浆锚钢筋局部无粘结技术和扣接封闭箍筋技术,为实现相关技术目标并便于实际工程施工,同时考虑后续试验试件制作的需要,对无粘结预应力筋锚固与张拉装置、浆锚钢筋无粘结构造及扣接封闭箍筋构造进行合理设计,详述如下。

1)无粘结预应力筋锚固与张拉装置

结合图 2-2,EHSW 结构示意图中,无粘结预应力筋在整个结构高度上是贯通布置的,即上、下层 EHSW 的无粘结预应力筋应保持连续,且其张拉应力保持一致。考虑到实际工程施工条件,EHSW 应分层预制、分层安装、分层张拉,因此,有必要设计锚固可靠、张拉便利的无粘结预应力筋锚固与张拉装置。

EHSW 无粘结预应力筋考虑钢绞线和预应力螺纹钢筋两种材料。当采用钢绞线时,基于夹片锚具进行改造,制成锚环承压式锚具[图 2-3(a)],即通过将原夹片锚具加高,锚具外周加工螺牙,外套锚环,待钢绞线张拉到位后,将锚环回旋顶紧在混凝土表面,形成无粘结预应力筋的可靠锚固;该装置可实现重复张拉、旋紧,以进一步减小夹片回缩、锚具压缩及螺牙空隙引起的预应力损失;该装置前端锚环实现锚固,而后端锚具外周螺牙及另配的与前端锚环构造相同、仅厚度增大 1 倍的后端锚环可实现无粘结预应力筋的接长,同时,也方便试验试件对预应力筋的放张及锚具拆卸,以尽量节省试验费用。当采用预应力螺纹钢筋时,由于其产品配套有专门的锚具及接长器[图 2-3(b)],因此,可直接利用其锚具及接长器实现无粘结预应力筋的锚固及连续要求,仅需在构件设计及施工过程中确保预应力螺纹钢筋足够的下料长度。

(a) 钢绞线　　　　　　　　　　　　　　(b) 预应力螺纹钢筋

图 2-3　无粘结预应力筋锚固与张拉装置

2）浆锚钢筋局部无粘结构造

为实现浆锚钢筋在靠近水平拼缝部位与周边灌浆料拌合物的无粘结,考虑按情况选用外套 PVC 软管并两端缠绕胶带密封或整个无粘结长度范围内缠绕胶带的方法。前者工艺相对复杂,但成品保护较好,且混凝土浇筑过程中 PVC 软管不易被粗骨料割破而影响无粘结效果;后者工艺相对简单,但不利于成品保护,在构件运输及混凝土浇捣过程中易发生表面破损而使灌浆料拌合物污染钢筋无粘结段。

另外,虽编制组前期接头锚固性能试验表明波纹管浆锚钢筋粘结长度为 $0.6l_{ab}$ 即可满足要求,但偏于安全一般按 $1.1l_{aE}$ 确定。EHSW 浆锚钢筋的长度将保持不变,因此,其局部无粘结构造将减小其锚固长度,而其适用性及可靠性可通过试件试验进一步验证。

3）扣接封闭箍筋构造

为保证箍筋受力连续性以改善其对混凝土约束性能,EHSW 采用焊接封闭箍筋代替传统的带 135° 搭接弯钩的闭合箍筋。封闭箍筋采用单根钢筋下料,接头采用闪光对焊,见图 2-4(a);为进一步提高封闭箍筋对混凝土约束效果,采用扣搭连接形式代替传统大、小箍筋加拉筋的复合箍筋构造,减小了箍筋肢长肢径比,提高了箍筋肢的约束刚度,加强了对核心混凝土的围箍作用。扣接封闭箍筋已在相关工程中得到试点应用,用于预制墙板竖向连接后浇混凝土部位的水平钢筋连接,工程现场照片见图 2-4(b)。

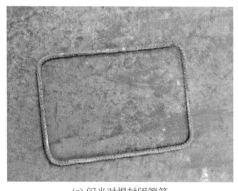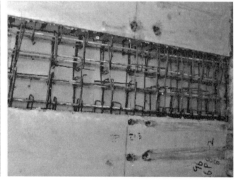

(a) 闪光对焊封闭箍筋　　　　　　　　　　(b) 现场应用照片

图 2-4　扣接封闭箍筋构造

第**3**章

装配式混合连接剪力墙抗震性能试验研究

3.1 试验目的

集成了后张无粘结预应力技术、浆锚钢筋局部无粘结技术与扣接封闭箍筋技术的 EHSW 技术,可合理解决当前"等同现浇"装配式混凝土结构尚存在的关键问题。为验证 EHSW 技术概念可行性及理论正确性,有必要进行相关试验研究工作。一方面,通过试验试件的制作,可解决相关施工工艺问题;另一方面,也是更为关键的,可通过试验掌握 EHSW 试件的实际抗震能力,并对其抗震性能进行真实评价,证明 EHSW 技术的合理性、可靠性。

针对最基本的 EHSW 技术抗震构件,即一字形剪力墙,制作系列一字形 EHSW 试件,并对其开展抗震性能试验,通过试验主要实现以下研究目的:

(1) 考察 EHSW 试件在水平低周反复荷载作用下的裂缝发展过程、破坏形态、强度、刚度、变形能力、延性、耗能能力等,并与现浇对比试件进行对比,对其抗震能力进行评价。

(2) 探讨 EHSW 技术涉及的关键参数对试件承载力、刚度、延性、耗能能力及残余变形等抗震性能指标的影响规律,为其设计方法的建立提供数据依据。

(3) 掌握 EHSW 试件的滞回特性,分析其滞回曲线、骨架曲线,为 EHSW 恢复力试件的建立提供数据基础。

3.2 试验方案

制作综合考虑无粘结预应力筋截面面积、无粘结预应力筋预拉力、浆锚钢筋局部无粘结长度及轴压比等参数的系列一字形 EHSW 试件和现浇对比试件,并通过水平低周反复荷载加载试验,对其抗震性能进行评价,分析各参数对试件承载力、刚度、延性、耗能能力及残余变形等抗震性能指标的影响规律。

3.2.1 试件设计

1) 试件尺寸

为直接反映构件抗震性能表现,模拟实际施工工艺流程,且考虑到装配式混凝土试件的特殊性,确保连接构造的实现性,本次试验试件均按1∶1足尺比例设计与制作。

《混凝土结构设计规范》(GB 50010—2010)[55]第 11.7.12 条规定,剪力墙的墙肢截面厚度"一、二级抗震等级时,一般部位不应小于160 mm,且不宜小于层高或无支长度的1/20;三、四级抗震等级时,不应小于140 mm,且不宜小于层高或无支长度的1/25。一、二级抗震等级的底部加强部位,不应小于200 mm,且不宜小于层高或无支长度的1/16,当墙端无端柱或翼墙时,墙厚不宜小于层高或无支长度的1/12。"本次试验试件按一级抗震等级考虑,试件墙肢截面厚度(墙厚)取为200 mm。

《高层建筑混凝土结构技术规程》(JGJ 3—2010)[56]第 7.1.8 条规定"短肢剪力墙是指截面厚度不大于300 mm、各肢截面高度与厚度之比的最大值大于 4 但不大于 8 的剪力墙",反之,厚度小于300 mm的一般剪力墙,墙肢截面高度(墙长)与厚度(墙厚)之比应大于8。本次试验试件墙长取为1 700 mm,计算得肢厚比为 8.5,满足剪力墙截面尺寸要求。

实际工程结构中,剪力墙受力性能类似转置的悬臂梁,且由于剪力墙高度较高,对于其底部加强部位,其破坏形态一般由弯曲破坏或弯剪破坏控制。因此,本次试验试件墙体高度取3 300 mm,再加上顶部的加载梁(梁高320 mm,加载点位于梁中心),所考虑的墙根(拼缝)截面的剪跨比为3 460/1 700≈2.0,确保弯曲破坏机制的形成,避免剪切破坏或滑移破坏等不利现象的发生。

因此,本次试验试件墙体部分的基本尺寸为200 mm(墙厚)×1 700 mm(墙长)×3 300 mm(墙高)。在试件底部设置了钢筋混凝土底座,模拟实际工程中的基础或下层剪力墙体。试验中,底座的尺寸设计尚应考虑与实验室地面的连接固定、实验室反力墙上加载设备安装高度以及承载力要求。本次试验试件底座的基本尺寸为2 200 mm(沿墙长方向)×700 mm(沿墙厚方向)×640 mm(沿墙高方向)。同时,在试件顶部设置了钢筋混凝土压顶梁,作为加载梁,起到试件与加载设备之间的连接作用。加载梁的尺寸设计主要考虑实验室反力墙上加载设备安装高度、加载设备前端连接钢板尺寸及试件墙根(拼缝)截面加载剪跨比等。本次试验试件加载梁的基本尺寸为1 700 mm(沿墙长方向)×240 mm(沿墙厚方向)×320 mm(沿墙高方向)。

试验试件模板图见图 3-1。

2)试件参数

(1)材料

试件各部分(包括底座、剪力墙及加载梁)均采用 C35 强度等级混凝土浇筑;试件配筋,如剪力墙竖向钢筋、水平钢筋、边缘构件箍筋以及加载梁与底座构造配筋均采用HRB400 级热轧钢筋;无粘结预应力筋采用 1860 级φ15.24 预应力钢绞线;浆锚管采用φ40成品金属波纹管;灌浆料采用 BY(S)-40 设备基础灌浆料,该产品 1 d 强度达到20 MPa以上,3 d 强度达到 40 MPa 以上,28 d 强度可达到 60 MPa 以上。

(2)无粘结预应力筋截面面积

结合前文分析结果及式 2.1,普通钢筋的引入增大了式 2.1 的分母项,从而降低了预应力强度比。本次试验试件保持普通钢筋配置不变,预应力强度比的变化通过改变预应力筋截面面积来考虑,从而探讨预应力筋截面面积参数对试件抗震性能的影响规律。同时,本次试验中无粘结预应力筋均采用 1860 级 φ 15.24 预应力钢绞线,因此,预应力筋截面面积的变化表现为预应力筋根数的变化,同时考虑墙肢截面厚度对预应力筋锚具尺寸的限制,本次试验试件考虑 2、3、4 根三种情况的预应力筋根数,其面积分别为 280 mm²、420 mm²、560 mm²。

（3）无粘结预应力筋初始有效应力

结合前文分析结果,参考无粘结预应力混凝土结构相关工程经验,本次试验中考虑了 $0.30f_{ptk}$、$0.40f_{ptk}$、$0.50f_{ptk}$ 三种不同预应力筋的初始有效应力,对应的初始应力理论值为 558 MPa、744 MPa、930 MPa。

（4）浆锚钢筋局部无粘结长度

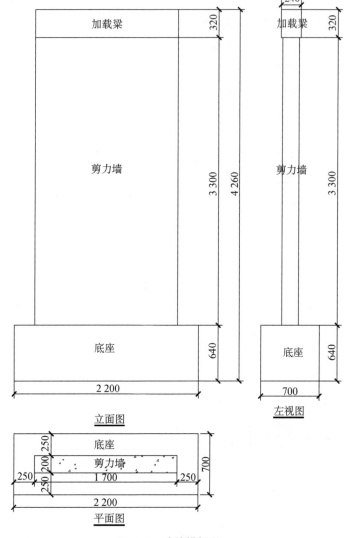

图 3-1　试件模板图

结合前文分析结果,并从试件具体情况（主要是墙截面厚度）分析,浆锚钢筋局部无粘结长度以 200 mm 为基准,并按±50 mm 分级,因此,本次试验试件考虑了 150 mm、200 mm、250 mm 三种无粘结长度。

（5）轴压比

结合前文分析结果,考虑在实际试件试验中,轴压比的确定尚需兼顾考虑加载设备的能力。一方面,普遍用于施加轴压的千斤顶能力有限（实验室采用千斤顶一般为 250 t 以内,再大型号千斤顶则由于尺寸太大不易安装）,且实验室地面承载能力固定（结构实验室地面设计承载力为每个孔洞 50 t）;另一方面,相关标准条文对轴压比的限值均是指设计轴压比,该设计轴压比计算中考虑了荷载分项系数及材料强度分项系数,与试验中按材料强度标准值及所施加轴压的试验值存在换算关系,具体换算见后文,此处,仅先给出预设的试验中考虑的设计轴压比为 0.1、0.2[试验试件原型按一级(抗震设防烈度为 7 度或 8 度)剪力墙考虑,轴压比限值为 0.5],试验加载轴向力将根据由设计轴压比换算得到的试验轴压比及材料性能实测值计算得到。

　　3) 试件相关构造

　　试件设计详图见图 3-2,图中有关尺寸均以 mm 计,有关构造详述如下。

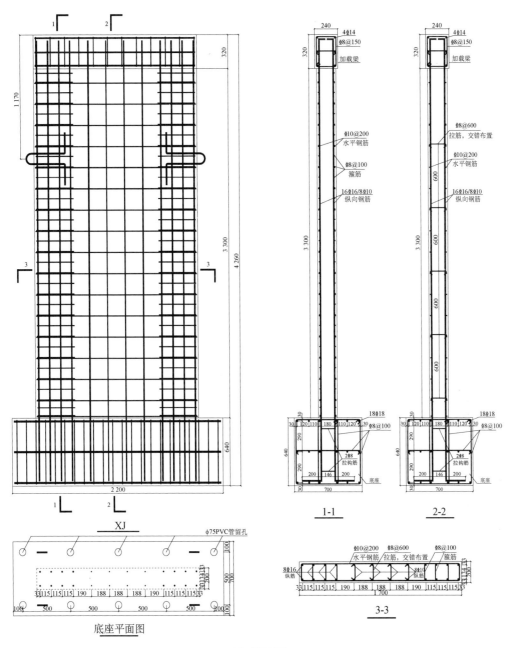

(a) 现浇试件

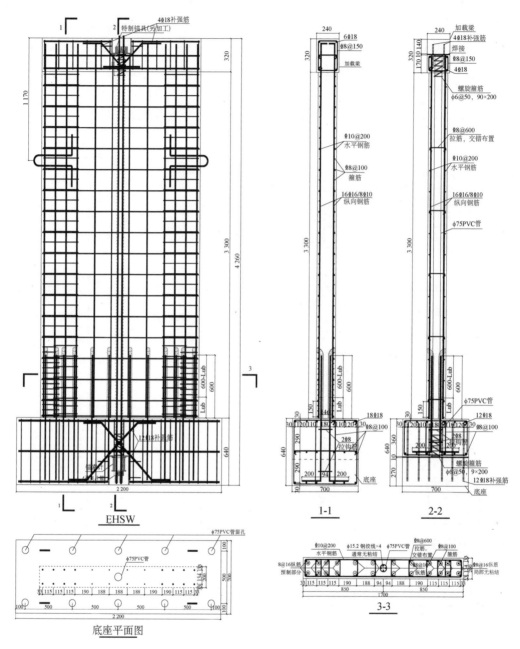

(b) EHSW 试件

图 3-2　试件设计详图

（1）试件普通钢筋构造

本次试验试件原型按一级（抗震设防烈度为 7 度或 8 度）剪力墙考虑，并根据《建筑抗震设计规范》（GB 50011—2010）[47] 相关规定采取抗震构造措施。

试验原型边缘构件类型为约束边缘构件（暗柱形式），暗柱的长度、配筋构造均偏安全地按轴压比大于 0.3 的情况取用。因此，根据《建筑抗震设计规范》（GB 50011—2010）[47]

表 6.4.5.3，暗柱长度取 400 mm＞0.20 h_w＝340 mm；暗柱箍筋配置为 ϕ 8@100（HRB400），根据式 3.1，计算得配箍特征值为 0.22＞0.20；纵向钢筋布置为 8ϕ16＝max$\{0.012A_c＝960$ mm^2，8ϕ16$\}$；箍筋或拉筋沿竖向间距为 100 mm。

$$\lambda_v = \frac{\rho_v f_{yv}}{f_c} \tag{3.1}$$

式中 λ_v——暗柱区域配箍特征值；

ρ_v——暗柱区域体积配箍率，计算得 1.01%；

f_{yv}——箍筋、拉筋抗拉强度设计值，取 360 MPa；

f_c——混凝土轴心抗压强度设计值，取 16.7 MPa。

根据《建筑抗震设计规范》(GB 50011—2010)[47]第 6.4.3 条、第 6.4.4 条，剪力墙竖向与横向分布钢筋均采用双层配筋，竖向分布钢筋配置为 8ϕ10(HRB400)，间距约188 mm，计算得竖向分布钢筋配筋率为 0.42%，满足一级抗震墙竖向分布钢筋最小配筋率不小于 0.25%、竖向钢筋直径不大于墙厚的 1/10(20 mm)且不小于 10 mm、间距不大于 300 mm 的要求；水平分布钢筋配置为ϕ10@200(HRB400)，计算得水平分布钢筋配筋率为 0.39%，满足一级抗震墙水平分布钢筋最小配筋率不小于 0.25%、水平钢筋直径不大于墙厚的 1/10(20 mm)且不小于 8 mm、间距不大于 300 mm 的要求；拉筋配置为ϕ8@600(HRB400)，满足双排分布钢筋间拉筋的间距不大于 600 mm、直径不小于 6 mm 的要求。

(2) 无粘结预应力筋施工构造

EHSW 试件无粘结预应力筋锚具均采用四孔夹片锚具，锚具尺寸为ϕ100×40，其中，加载梁端作为张拉端，底座端既作为锚固端，同时也作为压力传感器安装部位。为便于无粘结预应力筋的安装，在加载梁、剪力墙及底座中心预埋ϕ75PVC 管。同时，在加载梁顶部及底座底部设置横向贯通凹槽，加载梁凹槽宽 220 mm、深 150 mm，底座凹槽宽220 mm、深 280 mm。

无粘结预应力筋锚固与张拉装置采用 2.4 节介绍的特制锚环承压式锚具，锚固端则对钢绞线制作挤压头，并将压力传感器压紧在夹片锚具与试件之间。另外，对于加载梁与底座开槽处，设置了交叉斜筋对其进行加强，且局部承压混凝土范围内设置了螺旋筋，避免在局部集中荷载作用下承压混凝土提前压溃或构件开裂。

EHSW 试件无粘结预应力筋相关施工构造照片见图 3-3。

(3) 浆锚钢筋构造

金属波纹管紧贴剪力墙竖向钢筋预埋，两者之间用扎丝绑牢；在钢模板侧壁通过螺栓定位橡胶塞，金属波纹管套入橡胶塞，以实现金属波纹管的准确定位；对所有 EHSW 试件，金属波纹管规格及长度均一致，直线段长度均为 600 mm，后通过圆弧状弯出剪力墙侧面，便于灌浆；对于无粘结段的实现，考虑试件加工方便，采用在浆锚钢筋无粘结区段内包裹塑料薄膜并用电工胶带缠绕密封。

(a) 底座PVC管预埋及局部混凝土加强

(b) 墙身PVC管预埋及局部承压混凝土加固

(c) 底座钢绞线挤压锚头及压力传感器安装

(d) 加载梁端钢绞线张拉端设备安装

图3-3　EHSW试件无粘结预应力筋相关施工构造照片

浆锚钢筋构造做法照片见图3-4。

(a) 金属波纹管安装

(b) 局部无粘结做法

图3-4　浆锚钢筋构造做法

（4）扣接封闭箍筋构造

EHSW试件边缘构件部位采用扣接封闭箍筋,箍筋直径和间距与现浇试件保持一致,但对端部4根纵筋外包箍筋采用了进一步加密处理,即其间距为50 mm,相关照片见图3-5。

图 3-5　扣接封闭箍筋构造做法

4）试件统计

根据所设置参数情况,本次试验共制作 1 片现浇剪力墙试件和 8 片 EHSW 试件,相关试件关键参数统计于表 3-1。

表 3-1　试件统计表

编号	预应力筋根数	初始预应力/MPa	初始预拉力/kN	浆锚钢筋无粘结长度/mm	轴压力/kN	试验轴压比[1]	备注[2]
XJ	—	—	—	—	946.3	0.11	对比试件
EHSW1	4	930	520.8	200	946.3	0.11	EHSW 基准试件
EHSW2	3	744	312.5	200	946.3	0.11	预拉力不变,预应力筋根数变化
EHSW3	2	1116	312.5	200	946.3	0.11	
EHSW4	4	744	416.6	200	946.3	0.11	预应力筋根数不变,预应力变化
EHSW5	4	558	312.5	200	946.3	0.11	
EHSW6	4	930	520.8	250	946.3	0.11	浆锚钢筋无粘结长度变化
EHSW7	4	930	520.8	150	946.3	0.11	
EHSW8	4	930	520.8	200	473.15	0.055	轴压比变化

注:1. 试验轴压比按试验轴压力与规范规定的混凝土轴心抗压强度标准值 23.4 MPa 计算;
2. 不同参数对比试件可再次组合,除轴压比变化仅有 2 个对比试件外,其他参数变化情况均有 3 个对比试件。

3.2.2　试件制作

现浇试件的各部分,包括底座、剪力墙与加载梁,整体一次性浇筑完成;EHSW 试件将底座与其他部分分成两部分预制,预制墙体预埋金属波纹管,底座在相应位置预留浆锚钢筋,待混凝土达到设计强度后将两部分拼装,并向金属波纹管内灌注高强度灌浆料,待灌浆料达到设计强度后,试件运至试验室后进行无粘结预应力筋的穿束、张拉与锚固。

EHSW 试件相关制作过程照片见图 3-6。

(a) 预制剪力墙与加载梁钢筋　　　　　　(b) 预制剪力墙与加载梁成型

(c) 预制底座钢筋　　　　　　　　　　(d) 预制底座成型

(e) 拼装　　　　　　　　　　　　　(f) 校正

(g) 灌浆后养护　　　　　　　　　　(h) 钢绞线张拉

图 3-6　EHSW 试件相关制作过程照片

3.2.3 材料性能

混凝土均采用商品混凝土,混凝土浇筑的同时制作 150 mm 见方混凝土试块,共制作 3 组,每组 6 个试块,并在试件加载前对其进行轴压试验,获得混凝土立方体抗压强度实测值,并根据《混凝土强度检验评定标准》(GB/T 50107—2010)[57]求出混凝土材料立方体抗压强度统计平均值。混凝土试块抗压强度试验在东南大学结构实验室压力试验机上进行,表 3-2 给出了混凝土材料的性能指标实测值及相关推算值。其中,轴心抗压强度与轴心抗拉强度及弹性模量的计算分别参照《混凝土结构设计规范》(GB 50010—2010)[55]第 4.1.3 条、第 4.1.5 条的条文说明进行。

表 3-2   试件混凝土材料性能指标值

混凝土强度等级	立方体抗压强度[1]/MPa	轴心抗压强度[2]/MPa	轴心抗拉强度[3]/MPa	弹性模量[3]/MPa
C35	35.4	23.7	2.5	31 444

注:1. 试验实测值的统计平均值,按《混凝土强度检验评定标准》(GB/T 50107—2010)第 4.3.1 条执行;
2. 作为试件混凝土抗压强度代表值,用于轴压比换算及后续有限元试件材料参数的确定;
3. 用于后续有限元试件材料参数的确定。

钢筋(普通钢筋、预应力钢绞线)按照规格各预留三个试样,测量钢筋材料的屈服强度、极限强度及伸长率。钢筋拉伸试验在东南大学结构实验室电液伺服疲劳试验机上进行,钢筋材料力学性能指标统计平均值见表 3-3。

表 3-3   试件钢筋材料力学性能指标值

材料规格	直径/mm	屈服强度/MPa	极限强度/MPa	伸长率/%
HRB400	16	438	620	19
HRB400	10	430	557	14.3
HRB400	8	451	618	10.8
1860 级钢绞线	15.24	1 650[1]	2 050	5.6

注:1. 由于钢绞线材料试验曲线没有明显屈服平台,取塑性应变 0.2%时对应的应力为名义屈服应力。

3.2.4 试件加载与量测

1)试验加载装置

本次试验采用拟静力加载方案,即在恒定轴压下,在试件顶部加载梁截面中心处施加水平低周反复荷载。试验加载装置见图 3-7。

如图 3-7 所示,试验加载装置基本分为竖向加载系统、水平加载系统及锚固系统三部分。

竖向加载系统为了施加预定轴压,采用体外预应力加载方案,加载装置由体外预应力设备、加载梁及分配梁等组成。在试件中部两侧分别设置 4 根 1860 级 φ15.24 预应力钢

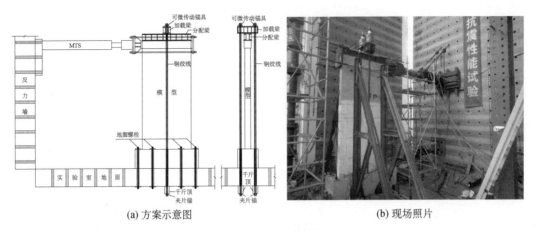

(a) 方案示意图　　　　　　　　　　　(b) 现场照片

图 3-7　试验加载装置

绞线,2 台 100 t 张拉千斤顶考虑安装方便,置于加载梁上,所施加竖向力通过加载梁传递给刚度相对较大的分配梁,后均匀传递至试件顶面。另外,为了适应加载过程中试件的水平变形,避免钢绞线受到扭转或剪切,在其顶部采用可转动锚具,以便钢绞线随着试件水平变形能实现一定程度的自由旋转。

水平加载系统采用 MTS 公司制造的 1 000 kN 电液伺服作动器,作动器尾部通过钢板焊接底座及螺栓锚固在反力墙上;靠近油缸伸缩处用手拉葫芦斜拉于反力墙上,用于对作动器安装位置的调整及防止作动器掉落的突发事故发生;作动器加载头部通过 4 根 ϕ 32 精轧螺纹钢及夹板与试件加载梁连接。同时,考虑到竖向加载钢绞线可能与水平精轧螺纹钢发生碰擦或摩擦,在精轧螺纹钢中部套上圆钢管,以减小两者间的相互干扰。

锚固系统包括两部分,一部分为试件与实验室地面之间的连接。为模拟试件底部固定的边界条件,用 8 根 ϕ 32 精轧螺纹钢穿越试件底座预留孔洞及实验室地面对应孔洞,并对精轧螺纹钢进行张拉(张拉力约 20 t),将试件与实验室地面压接,避免了试件的刚体转动及水平滑移。另一部分为试件的平面外约束装置。课题组前期类似试验中均不可避免地发生了加载后期装配式混凝土剪力墙试件发生墙片扭转的情况,这在一定程度上造成了装配式剪力墙试件的过早破坏,影响了试验结果。为克服这一问题,保证试验结果的真实性,同时,也为确保试验过程的安全性,防止试件侧向倾覆,在试件两侧面各安装了 2 片三角形钢桁架,钢桁架通过滚轮抵在试件墙身上,以限制其平面内转动及侧向变形。

2) 试验加载制度

根据《建筑抗震试验方法规程》(JGJ/T 101—2015)[58]的规定,采用荷载-位移双控的加载制度,荷载控制阶段,按 50 kN 一级(个别加载等级细分为 25 kN),每级循环 1 次;位移控制阶段,每级循环 3 次,同时,为便于各试件的比较,所有试件的加载位移均按 23 mm 为一级;由荷载控制向位移控制转换,按试件竖向受力钢筋首次屈服为准。具体加载制度见图 3-8,其中,规定作动器外推为正,内拉为负。

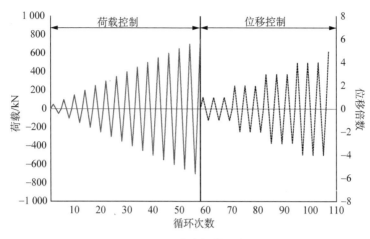

图 3-8 试验加载制度

试验具体加载程序为:

(1) 试加轴压。在试件顶部施加竖向力的 30%,然后卸载,重复 2～3 次,通过钢筋应变片观察试件加载的对称性,并消除试件与加载装置间存在的竖向间隙。

(2) 施加恒定轴压。一次性施加轴压到预定轴压力,并保持不变。

(3) 施加水平反复荷载。通过作动器施加 10 kN 水平荷载,并进行一次循环,通过作动器采集的滞回曲线判断试件加载反应的对称性,并消除试件与加载装置之间存在的间隙。

(4) 正式开始试验。按照加载制度,施加水平反复荷载,直至试件破坏或发生不适于继续加载的情况。

3) 试验量测方案

(1) 试件顶部轴力。通过油压千斤顶油压表计数,根据精密压力表盘读数及标定曲线可计算出实际竖向轴力。

(2) 试件顶部加载点的荷载-位移滞回曲线。直接由 MTS 作动器量测得到。

(3) 钢筋应变。包括剪力墙边缘构件竖向受力钢筋及箍筋的应变以及预留竖向插筋应变。通过在钢筋上粘贴电阻应变片以量测相应的应变。

(4) 试件预应力筋内力。通过预先设置的锚索压力传感器进行无粘结预应力筋内力的测量。

(5) 裂缝宽度。采用专用裂缝宽度读数显微镜量测。

4) 轴压比换算

根据试验所施加轴压力以及材料力学性能指标实测值,考虑荷载及材料分项系数,将表 3-1 中的试验轴压比换算成设计轴压比,换算过程如下:

考虑荷载分项系数,试验轴力 N_t 与剪力墙轴压比计算中的重力荷载代表值 N 间的换算关系见式 3.2,其中,1.2 为重力荷载代表值的分项系数。

$$N = 1.2 N_t \qquad\qquad (3.2)$$

考虑材料分项系数,混凝土强度实测值 $f_{c,t}$ 与设计值 f_c 之间的换算关系见式 3.3,其中,1.4 为混凝土材料分项系数,δ_{fc} 为混凝土强度变异系数,取 0.13[按《混凝土结构设计规范》(GB 50010—2002)第 4.1.4 条条文说明取值]。

$$f_c = \frac{1 - 1.645\delta_{fc}}{1.4} f_{c,t} \tag{3.3}$$

试验轴压比与设计轴压比之间换算式见式 3.4。

$$\mu = \frac{N}{f_c bh} = \frac{1.2N_t}{\dfrac{1 - 1.645\delta_{fc}}{1.4} f_{c,t} bh} = 2.14\mu_t \tag{3.4}$$

因此,本次试验涉及的轴压比 0.110、0.055 换算为设计轴压比应分别为 0.24、0.12。

3.3 试验过程与试验现象

3.3.1 试件破坏过程

各试件破坏过程基本相同,均经历了弹性、开裂、屈服及破坏等几个主要阶段,下面对各试件的具体破坏过程进行详述。

1) 试件 XJ

试件 XJ 加载过程中观测到的主要现象见表 3-4,其局部破坏情况见图 3-9。

表 3-4 试件 XJ 加载过程

加载过程		主要现象
荷载控制	弹性阶段 (0~±225 kN)	荷载和位移呈线性变化,加、卸载曲线基本重合,卸载后基本没有残余变形
	开裂阶段 (±225 kN)	试件底座顶面即墙根部出现水平裂缝,最大裂缝宽度大约 0.01 mm
	屈服阶段 (±500 kN)	墙体受拉侧最边缘竖向钢筋屈服,此时试件正、反向水平位移平均值为 23 mm[1]。墙体边缘沿高度方向不断产生新的裂缝,最高处裂缝距底座顶面约 2.0 m,且裂缝越往上则水平段越短,而更快向中性轴斜向下发展,试件底部距离底座约 50 cm 高度范围内正、反向斜裂缝已越过中性轴后相交,形成交叉斜裂缝 该阶段最大裂缝宽度持续、稳定增加,最大裂缝宽度大约 0.44 mm
位移控制	位移加载阶段	进入位移加载阶段后,墙体沿高度方向新开展裂缝较少,仅在墙体最上端正、反向各新开展一条裂缝,裂缝主要是在已有裂缝的基础上继续延伸,并越过中性轴相交,距底座顶面约 1.5 m 高度范围内的正、反向交叉斜裂缝均已形成 加载至 ±46 mm 阶段,混凝土保护层开始出现竖向裂缝;加载至 ±69 mm 阶段,保护层与核心混凝土完全脱离,局部保护层混凝土剥落,角部核心混凝土发生局部压碎

加载过程		主要现象
位移控制	位移加载阶段	加载至±46 mm 阶段,最大裂缝宽度发生突增,由上一级加载的 0.44 mm 增加至 2.2 mm
	破坏阶段 (±92 mm)	加载至本阶段第 2 次循环时,试件最外侧受拉钢筋发生个别拉断,受压侧钢筋明显外凸压屈,保护层混凝土大范围剥落,露出内部竖向钢筋与箍筋,核心混凝土局部压酥 混凝土的破坏集中于墙肢两端,破坏范围在高度方向上大约距底座顶面 20～30 cm

注:1. 该值是本次试验加载制度单位加载位移取值的依据。

(a) 墙身侧面　　　　　　　　　　　　　(b) 墙身正面

图 3-9　试件 XJ 局部破坏情况

2) 试件 EHSW1

试件 EHSW1 加载过程中观测到的主要现象见表 3-5,其局部破坏情况见图 3-10。

表 3-5　试件 EHSW1 加载过程

加载过程		主要现象
荷载控制	弹性阶段 (0～±300 kN)	荷载和位移呈线性变化,加、卸载曲线基本重合,卸载后基本没有残余变形
	开裂阶段 (±300 kN)	试件底座顶面、坐浆层上层出现水平裂缝,最大裂缝宽度大约 0.01 mm
	屈服阶段 (±550 kN)	墙体受拉侧最边缘竖向钢筋屈服;墙体边缘沿高度方向不断产生新的裂缝,最高处裂缝距底座顶面约 1.5 m,且裂缝越往上则水平段越短,而更快向中性轴斜向下发展,与试件 XJ 相比,裂缝倾斜较早、倾斜角度更大;试件底部距离底座约 70 cm 高度范围内正、反向斜裂缝已越过中性轴后相交,形成交叉斜裂缝;与试件 XJ 明显不同,试件底部裂缝开展较少,墙体两端部距离底座顶面大约 150 mm 范围内无裂缝产生,且既有裂缝均靠近墙肢中部,为墙体上部斜裂缝的延伸 该阶段裂缝持续、稳定开展,最大裂缝宽度大约为 0.22 mm;拼缝也出现张开与闭合现象,拼缝最大张开值大约为 1.2 mm

加载过程		主要现象
位移控制	位移加载阶段	进入位移加载阶段后,墙体沿高度方向继续开展新裂缝,最高处裂缝距离底座顶面约 2.3 m;且在已有裂缝的基础上继续斜向下延伸,正、反向裂缝越过中性轴交汇,距底座顶面约 1.6 m 高度范围内的正、反向交叉斜裂缝均已形成 加载至 ±46 mm 阶段,混凝土保护层开始出现竖向裂缝;加载至 ±69 mm 阶段,保护层与核心混凝土脱离,局部保护层混凝土剥落,而外露核心混凝土基本保持完整状态 加载至 ±46 mm 阶段,最大裂缝宽度发生突增,由上一级加载的 1.3 mm 增加至 3.2 mm;拼缝张开则稳定增长,加载至 ±92 mm 阶段,拼缝最大张开值大约为 20 mm
	破坏阶段 (±92 mm)	加载至本阶段第 3 次循环时,试件最外侧受拉钢筋发生个别拉断,外漏波纹管被撕裂,受压侧钢筋明显外凸压屈,保护层混凝土大范围剥落,露出内部竖向钢筋与箍筋,核心混凝土局部压酥 混凝土的破坏集中于墙肢两端,破坏范围在高度方向上大约距底座顶面 10～20 cm,且破坏程度较试件 XJ 较为轻微

(a) 墙身侧面　　　　　　　　　　　(b) 墙身正面

图 3-10　试件 EHSW1 局部破坏情况

3) 试件 EHSW2

试件 EHSW2 加载过程中观测到的主要现象见表 3-6,其局部破坏情况见图 3-11。

表 3-6　试件 EHSW2 加载过程

加载过程		主要现象
荷载控制	弹性阶段 (0～±250 kN)	荷载和位移呈线性变化,加、卸载曲线基本重合,卸载后基本没有残余变形
	开裂阶段 (±250 kN)	试件底座顶面、坐浆层上层出现水平裂缝,最大裂缝宽度大约 0.01 mm
	屈服阶段 (±525 kN)	墙体受拉侧最边缘竖向钢筋屈服;墙体边缘沿高度方向不断产生新的裂缝,最高处裂缝距底座顶面约 1.7 m,且裂缝越往上则水平段越短,而更快向中性轴斜向下发展,与试件 XJ 相比,裂缝倾斜较早、倾斜角度更大;试件底部距离底座约 70 cm 高度范围内正、反向斜裂缝已越过中性轴后相交,形成交叉斜裂缝;同

续表 3-6

加载过程		主要现象
荷载控制	屈服阶段 （±525 kN）	样地，与试件 XJ 明显不同，试件底部裂缝开展较少，墙体两端部距离底座顶面大约 200 mm 范围内无裂缝产生，且既有裂缝均靠近墙肢中部，为墙体上部斜裂缝的延伸 该阶段裂缝持续、稳定开展，最大裂缝宽度大约为 0.32 mm；拼缝也出现张开与闭合现象，拼缝最大张开值大约为 1.2 mm
位移控制	位移加载阶段	进入位移加载阶段后，墙体沿高度方向继续开展新裂缝，最高处裂缝距离底座顶面约 2.6 m；且在已有裂缝的基础上继续斜向下延伸，正、反向裂缝越过中性轴交汇，距底座顶面约 1.4 m 高度范围内的正、反向交叉斜裂缝均已形成 加载至 ±46 mm 阶段，混凝土保护层开始出现竖向裂缝；加载至 ±69 mm 阶段，保护层与核心混凝土脱离，局部保护层混凝土剥落，而外露核心混凝土基本保持完整状态 加载至 ±46 mm 阶段，最大裂缝宽度发生突增，由上一级加载的 1.8 mm 增加至 3.5 mm；拼缝张开则稳定增长，加载至 ±92 mm 阶段，拼缝最大张开值大约为 18 mm
	破坏阶段 （±92 mm）	加载至本阶段第 1 次循环时，试件最外侧受拉钢筋发生个别拉断，外露波纹管被撕裂，受压侧钢筋明显外凸压屈，保护层混凝土大范围剥落，露出内部竖向钢筋与箍筋，核心混凝土局部压酥 混凝土的破坏集中于墙肢两端，破坏范围在高度方向上大约距底座顶面 10～20 cm，且破坏程度较试件 XJ 较为轻微 试验观察到该试件加载过程中的扭转现象较为明显，有可能导致试件的性能未得到充分发挥

(a) 墙身侧面

(a) 墙身正面

图 3-11　试件 EHSW2 局部破坏情况

4）试件 EHSW3

试件 EHSW3 加载过程中观测到的主要现象见表 3-7，其局部破坏情况见图 3-12。

表 3-7 试件 EHSW3 加载过程

加载过程		主要现象
荷载控制	弹性阶段 （0～±250 kN）	荷载和位移呈线性变化，加、卸载曲线基本重合，卸载后基本没有残余变形
	开裂阶段 （±250 kN）	试件底座顶面、坐浆层上层出现水平裂缝，最大裂缝宽度大约 0.01 mm
	屈服阶段 （±500 kN）	墙体受拉侧最边缘竖向钢筋屈服；墙体边缘沿高度方向不断产生新的裂缝，最高处裂缝距底座顶面约 1.6 m，且裂缝越往上则水平段越短，而更快向中性轴斜向下发展，与试件 XJ 相比，裂缝倾斜较早、倾斜角度更大；试件底部距离底座约 70 cm 高度范围内正、反向斜裂缝已越过中性轴后相交，形成交叉斜裂缝；同样地，与试件 XJ 明显不同，试件底部裂缝开展较少，墙体两端部距底座顶面大约 220 mm 范围内无裂缝产生，且既有裂缝均靠近墙肢中部，为墙体上部斜裂缝的延伸 该阶段裂缝持续、稳定开展，最大裂缝宽度大约为 0.26 mm；拼缝也出现张开与闭合现象，拼缝最大张开值大约为 1.6 mm
位移控制	位移加载阶段	进入位移加载阶段后，墙体沿高度方向继续开展新裂缝，最高处裂缝距离底座顶面约 2.5 m；且在已有裂缝的基础上继续斜向下延伸，正、反向裂缝越过中性轴交汇，距底座顶面约 1.5 m 高度范围内的正、反向交叉斜裂缝均已形成 加载至 ±46 mm 阶段，混凝土保护层开始出现竖向裂缝；加载至 ±69 mm 阶段，保护层与核心混凝土脱离，局部保护层混凝土脱落，而外露核心混凝土基本保持完整状态 加载至 ±69 mm 阶段，最大裂缝宽度发生突增，由上一级加载的 0.66 mm 增加至 2.0 mm；拼缝张开则稳定增长，加载至 ±92 mm 阶段，拼缝最大张开值大约为 23 mm
	破坏阶段 （±92 mm）	加载至本阶段第 2 次循环时，试件最外侧受拉钢筋发生个别拉断，外露波纹管被撕裂，受压侧钢筋明显外凸压屈，保护层混凝土大范围剥落，露出内部竖向钢筋与箍筋，核心混凝土局部压酥 混凝土的破坏集中于墙肢两端，破坏范围在高度方向上大约距底座顶面 10～15 cm，且破坏程度较试件 XJ 较为轻微

(a) 墙身侧面　　　　　　　　　　　　(b) 墙身正面

图 3-12 试件 EHSW3 局部破坏情况

5）试件 EHSW4

试件 EHSW4 加载过程中观测到的主要现象见表 3-8，其局部破坏情况见图 3-13。

表 3-8   试件 EHSW4 加载过程

加载过程		主要现象
荷载控制	弹性阶段 （0～±275 kN）	荷载和位移呈线性变化，加、卸载曲线基本重合，卸载后基本没有残余变形
	开裂阶段 （±275 kN）	试件底座顶面、坐浆层上层出现水平裂缝，最大裂缝宽度大约 0.01 mm
	屈服阶段 （±550 kN）	墙体受拉侧最边缘竖向钢筋屈服；墙体边缘沿高度方向不断产生新的裂缝，最高处裂缝距底座顶面约 1.7 m，且裂缝越往上则水平段越短，而更快向中性轴斜向下发展，与试件 XJ 相比，裂缝倾斜较早、倾斜角度更大；试件底部距离底座约 70 cm 高度范围内正、反向斜裂缝已越过中性轴后相交，形成交叉斜裂缝；同样地，与试件 XJ 明显不同，试件底部裂缝开展较少，墙体两端部距离底座顶面大约 250 mm 范围内无裂缝产生，且既有裂缝均靠近墙肢中部，为墙体上部斜裂缝的延伸 该阶段裂缝持续、稳定开展，最大裂缝宽度大约为 0.3 mm；拼缝也出现张开与闭合现象，拼缝最大张开值大约为 1.5 mm
位移控制	位移加载阶段	进入位移加载阶段后，墙体沿高度方向继续开展新裂缝，最高处裂缝距离底座顶面约 2.3 m，且在已有裂缝的基础上继续斜向下延伸，正、反向裂缝越过中性轴交汇，距底座顶面约 1.5 m 高度范围内的正、反向交叉斜裂缝均已形成 加载至±46 mm 阶段，混凝土保护层开始出现竖向裂缝；加载至±69 mm 阶段，保护层与核心混凝土脱离，局部保护层混凝土剥落，而外露核心混凝土基本保持完整状态 加载至±69 mm 阶段，最大裂缝宽度发生突增，由上一级加载的 0.58 mm 增加至 3.0 mm；拼缝张开则稳定增长，加载至±92 mm 阶段，拼缝最大张开值大约为 20 mm
	破坏阶段 （±92 mm）	加载至本阶段第 3 次循环时，试件最外侧受拉钢筋发生个别拉断，外露波纹管被撕裂，受压侧钢筋明显外凸屈曲，保护层混凝土大范围剥落，露出内部竖向钢筋与箍筋，核心混凝土局部压酥 混凝土的破坏集中于墙肢两端，破坏范围在高度方向上大约距底座顶面 10～30 cm，且破坏程度较试件 XJ 较为轻微

(a) 墙身侧面

(b) 墙身正面

图 3-13   试件 EHSW4 局部破坏情况

6）试件 EHSW5

试件 EHSW5 加载过程中观测到的主要现象见表 3-9,其局部破坏情况见图 3-14。

表 3-9　试件 EHSW5 加载过程

加载过程		主要现象
荷载控制	弹性阶段 (0~±250 kN)	荷载和位移呈线性变化,加、卸载曲线基本重合,卸载后基本没有残余变形
	开裂阶段 (±250 kN)	试件底座顶面、坐浆层上层出现水平裂缝,最大裂缝宽度大约 0.01 mm
	屈服阶段 (±550 kN)	墙体受拉侧最边缘竖向钢筋屈服;墙体边缘沿高度方向不断产生新的裂缝,最高处裂缝距底座顶面约 1.9 m,且裂缝越往上则水平段越短,而更快向中性轴斜向下发展,与试件 XJ 相比,裂缝倾斜较早、倾斜角度更大;试件底部距离底座约 90 cm 高度范围内正、反向斜裂缝已越过中性轴后相交,形成交叉斜裂缝;同样地,与试件 XJ 明显不同,试件底部裂缝开展较少,墙体两端部距离底座顶面大约 300 mm 范围内无裂缝产生,且既有裂缝均靠近墙肢中部,为墙体上部斜裂缝的延伸 该阶段裂缝持续、稳定开展,最大裂缝宽度大约为 0.44 mm;拼缝也出现张开与闭合现象,拼缝最大张开值大约为 1.9 mm
位移控制	位移加载阶段	进入位移加载阶段后,墙体沿高度方向继续开展新裂缝,最高处裂缝距离底座顶面约 2.3 m;且在已有裂缝的基础上继续斜向下延伸,正、反向裂缝越过中性轴交汇,距底座顶面约 1.6 m 高度范围内的正、反向交叉斜裂缝均已形成 加载至 ±46 mm 阶段,混凝土保护层开始出现竖向裂缝;加载至 ±69 mm 阶段,保护层与核心混凝土脱离,局部保护层混凝土剥落,而外露核心混凝土基本保持完整状态 加载至 ±69 mm 阶段,最大裂缝宽度发生突增,由上一级加载的 0.58 mm 增加至 3.0 mm;拼缝张开则稳定增长,加载至 ±92 mm 阶段,拼缝最大张开值大约为 23 mm
	破坏阶段 (±92 mm)	加载至本阶段第 2 次循环时,试件最外侧受拉钢筋发生个别拉断,外露波纹管被撕裂,受压侧钢筋明显外凸压屈,保护层混凝土大范围剥落,露出内部竖向钢筋与箍筋,核心混凝土局部压酥 混凝土的破坏集中于墙肢两端,破坏范围在高度方向上大约距底座顶面 10~30 cm,且破坏程度较试件 XJ 较为轻微

(a) 墙身侧面　　　　　　　　　　　　(b) 墙身正面

图 3-14　试件 EHSW5 局部破坏情况

7) 试件 EHSW6

试件 EHSW6 加载过程中观测到的主要现象见表 3-10,其局部破坏情况见图 3-15。

表 3-10　试件 EHSW6 加载过程

加载过程		主要现象
荷载控制	弹性阶段 (0～±300 kN)	荷载和位移呈线性变化,加、卸载曲线基本重合,卸载后基本没有残余变形
	开裂阶段 (±300 kN)	试件底座顶面、坐浆层上层出现水平裂缝,最大裂缝宽度大约 0.01 mm
	屈服阶段 (±575 kN)	墙体受拉侧最边缘竖向钢筋屈服;墙体边缘沿高度方向不断产生新的裂缝,最高处裂缝距底座顶面约 1.9 m,且裂缝越往上则水平段越短,而更快向中性轴斜向下发展,与试件 XJ 相比,裂缝倾斜较早、倾斜角度更大;试件底部距离底座约 70 cm 高度范围内正、反向斜裂缝已越过中性轴后相交,形成交叉斜裂缝;同样地,与试件 XJ 明显不同,试件底部裂缝开展较少,墙体两端部距离底座顶面大约 220 mm 范围内无裂缝产生,且既有裂缝均靠近墙肢中部,为墙体上部斜裂缝的延伸 该阶段裂缝持续、稳定开展,最大裂缝宽度大约为 0.46 mm;拼缝也出现张开与闭合现象,拼缝最大张开值大约为 2.0 mm
位移控制	位移加载阶段	进入位移加载阶段后,墙体沿高度方向继续开展新裂缝,最高处裂缝距离底座顶面约 2.4 m;且在已有裂缝的基础上继续斜向下延伸,正、反向裂缝越过中性轴交汇,距底座顶面约 1.6 m 高度范围内的正、反向交叉斜裂缝均已形成 加载至±46 mm 阶段,混凝土保护层开始出现竖向裂缝;加载至±69 mm 阶段,保护层与核心混凝土脱离,局部保护层混凝土剥落,而外露核心混凝土基本保持完整状态 加载至±69 mm 阶段,最大裂缝宽度发生突增,由上一级加载的 0.7 mm 增加至 3.2 mm;拼缝张开则稳定增长,加载至±92 mm 阶段,拼缝最大张开值大约为 21 mm
	破坏阶段 (±92 mm)	加载至本阶段第 2 次循环时,试件最外侧受拉钢筋发生个别拉断,外露波纹管被撕裂,受压侧钢筋明显外凸屈,保护层混凝土大范围剥落,露出内部竖向钢筋与箍筋,核心混凝土局部压酥 混凝土的破坏集中于墙肢两端,破坏范围在高度方向上大约距底座顶面 10～20 cm,且破坏程度较试件 XJ 较为轻微

(a) 墙身侧面　　　　　　　　　　　　(b) 墙身正面

图 3-15　试件 EHSW6 局部破坏情况

8）试件 EHSW7

试件 EHSW7 加载过程中观测到的主要现象见表 3-11，其局部破坏情况见图 3-16。

表 3-11　试件 EHSW7 加载过程

加载过程		主要现象
荷载控制	弹性阶段 （0～±300 kN）	荷载和位移呈线性变化，加、卸载曲线基本重合，卸载后基本没有残余变形
	开裂阶段 （±300 kN）	试件底座顶面、坐浆层上层出现水平裂缝，最大裂缝宽度大约 0.01 mm
	屈服阶段 （±500 kN）	墙体受拉侧最边缘竖向钢筋屈服；墙体边缘沿高度方向不断产生新的裂缝，最高处裂缝距底座顶面约 1.5 m，且裂缝越往上则水平段越短，而更快向中性轴斜向下发展，与试件 XJ 相比，裂缝倾斜较早、倾斜角度更大；试件底部距底座约 50 cm 高度范围内正、反向斜裂缝已越过中性轴后相交，形成交叉斜裂缝；同样地，与试件 XJ 明显不同，试件底部裂缝开展较少，墙体两端部距离底座顶面大约 200 mm 范围内无裂缝产生，且既有裂缝均靠近墙肢中部，为墙体上部斜裂缝的延伸 该阶段裂缝持续、稳定开展，最大裂缝宽度大约为 0.24 mm；拼缝也出现张开与闭合现象，拼缝最大张开值大约为 1.6 mm
位移控制	位移加载阶段	进入位移加载阶段后，墙体沿高度方向继续开展新裂缝，最高处裂缝距离底座顶面约 2.4 m；且在已有裂缝的基础上继续斜向下延伸，正、反向裂缝越过中性轴交汇，距底座顶面约 1.4 m 高度范围内的正、反向交叉斜裂缝均已形成 加载至±46 mm 阶段，混凝土保护层开始出现竖向裂缝；加载至±69 mm 阶段，保护层与核心混凝土脱离，局部保护层混凝土剥落，而外露核心混凝土基本保持完整状态 加载至±69 mm 阶段，最大裂缝宽度发生突增，由上一级加载的 0.7 mm 增加至 3.0 mm；拼缝张开则稳定增长，加载至±92 mm 阶段，拼缝最大张开值大约为 19 mm
	破坏阶段 （±92 mm）	加载至本阶段第 2 次循环时，试件最外侧受拉钢筋发生个别拉断，外露波纹管被撕裂，受压侧钢筋明显外凸压屈，保护层混凝土大范围剥落，露出内部竖向钢筋与箍筋，核心混凝土局部压酥 混凝土的破坏集中于墙肢两端，破坏范围在高度方向上大约距底座顶面 10～20 cm，且破坏程度较试件 XJ 较为轻微

(a) 墙身侧面　　　　　　　　　　　(b) 墙身正面

图 3-16　试件 EHSW7 局部破坏情况

9）试件 EHSW8

试件 EHSW8 加载过程中观测到的主要现象见表 3-12，其局部破坏情况见图 3-17。

表 3-12　试件 EHSW8 加载过程

加载过程		主要现象
荷载控制	弹性阶段 (0～±250 kN)	荷载和位移呈线性变化，加、卸载曲线基本重合，卸载后基本没有残余变形
	开裂阶段 (±250 kN)	试件底座顶面、坐浆层上层出现水平裂缝，最大裂缝宽度大约 0.01 mm
	屈服阶段 (±525 kN)	墙体受拉侧最边缘竖向钢筋屈服；墙体边缘沿高度方向不断产生新的裂缝，最高处裂缝距底座顶面约 1.9 m，且裂缝越往上则水平段越短，而更快向中性轴斜向下发展，裂缝形状与试件 XJ 相似，裂缝具有明显的水平段，且倾斜较晚；试件底部距离底座约 110 cm 高度范围内正、反向斜裂缝已越过中性轴后相交，形成交叉斜裂缝；同样地，与试件 XJ 明显不同，试件底部裂缝开展较少，墙体两端部距离底座顶面大约 260 mm 范围内无裂缝产生，且既有裂缝均靠近墙肢中部，为墙体上部斜裂缝的延伸 该阶段裂缝持续、稳定开展，最大裂缝宽度大约为 0.42 mm；拼缝也出现张开与闭合现象，拼缝最大张开值大约为 1.6 mm
位移控制	位移加载阶段	进入位移加载阶段后，墙体沿高度方向继续开展新裂缝，最高处裂缝距离底座顶面约 2.4 m；且在已有裂缝的基础上继续斜向下延伸，正、反向裂缝越过中性轴交汇，距底座顶面约 1.4 m 高度范围内的正、反向交叉斜裂缝均已形成 加载至 ±46 mm 阶段，混凝土保护层开始出现竖向裂缝；加载至 ±69 mm 阶段，保护层与核心混凝土脱离，局部保护层混凝土剥落，而外露核心混凝土基本保持完整状态 加载至 ±69 mm 阶段，最大裂缝宽度发生突增，由上一级加载的 0.7 mm 增加至 2.0 mm；拼缝张开则稳定增长，加载至 ±92 mm 阶段，拼缝最大张开值大约为 22 mm
	破坏阶段 (±92 mm)	加载至本阶段第 3 次循环时，试件最外侧受拉钢筋发生个别拉断，外露波纹管被撕裂，受压侧钢筋明显外凸压屈，保护层混凝土大范围剥落，露出内部竖向钢筋与箍筋，核心混凝土局部压酥 混凝土的破坏集中于墙肢两端，破坏范围在高度方向上大约距底座顶面 10～20 cm，且破坏程度较试件 XJ 较为轻微

(a) 墙身侧面

(b) 墙身正面

图 3-17　试件 EHSW8 局部破坏情况

3.3.2　试件破坏形态

作为类似于悬臂受力构件的剪力墙,其一般破坏形态包括弯曲破坏、弯剪破坏及剪切破坏等几种主要形式。剪跨比是决定剪力墙破坏形态的重要参数,一般而言,当剪跨比大于 2 时,剪力墙截面将以受弯为主,易发生弯曲破坏,剪力墙裂缝以水平裂缝为主,在靠近墙肢中部会出现少量斜裂缝;当剪跨比在 1~2 之间时,剪力墙截面将由弯矩与剪力共同控制,剪力墙裂缝开始仍然是水平弯曲裂缝,但很快在剪力附加作用下,裂缝快速倾斜向下往墙中性轴发展,形成弯剪斜裂缝,在往复荷载作用下,斜裂缝在中性轴位置交汇,形成交叉斜裂缝;当剪跨比小于 1 时,剪力墙截面受力将以受剪为主,易发生剪切破坏,剪力墙裂缝为较宽的剪切斜裂缝。典型的剪切破坏形态又包括斜拉破坏、斜压破坏及剪切滑移破坏等几种。

图 3-18 给出试验中各试件最终裂缝分布照片。从图中可以看出,与试件 XJ 相同,EHSW 试件均为弯剪破坏,剪力墙身为弯曲水平裂缝与剪切斜裂缝,且斜裂缝在中性轴位置交错形成交叉裂缝。同时,根据试验过程描述,可以发现各试件均为理想的适筋破坏模式,即剪力墙竖向钢筋拉断,导致试件破坏,而核心混凝土虽有一定程度的压碎,但仍然具有足够的变形能力与承载能力。

(a) 试件 XJ

(b) 试件 EHSW1

(c) 试件 EHSW2

(d) 试件 EHSW3

（e）试件 EHSW4

（f）试件 EHSW5

（g）试件 EHSW6

（h）试件 EHSW7

（i）试件 EHSW8

图 3-18　试件最终裂缝分布照片

对于相关试验现象进行具体分析如下：

（1）对于 EHSW 试件，区别于试件 XJ 的一个重要现象为，墙体两端距离底座顶面一定高度范围内（距离底座顶面距离在 150～300 mm 之间）无裂缝出现，分析认为该现象应是由浆锚钢筋无粘结构造导致。由于无粘结段钢筋与混凝土之间没有应力传递，该部位混凝土不会出现由钢筋传递来的拉应力，因此，避免了混凝土裂缝的出现[61]。但是，对比设置了不同无粘结长度的 EHSW 试件[EHSW7(150 mm)、EHSW1(200 mm)、EHSW6(250 mm)]，可以发现无裂缝出现的高度范围与无粘结长度并没有明显的规律性（三个试件无裂缝高度最大值分别为 200 mm、150 mm、220 mm）。分析认为，这可能主要是由于混凝土材料性能的离散性,尤其对于混凝土抗拉性能而言,其离散性尤为突出,另外,试件制作的误差以及无粘结段塑料薄膜包裹可能存在漏浆等因素,也会导致无裂缝出现范围的变化[62]。

(2)对于 EHSW 试件,区别于试件 XJ 的另一个重要现象为,除 EHSW8 试件外,其他 EHSW 试件裂缝水平段较短而斜裂缝倾角更大。分析认为,无粘结预应力筋中预拉力的存在,实质上是增加了试件混凝土中的竖向压应力,由于竖向压应力的增大,将导致混凝土主应力方向的改变,对于 EHSW 试件则使斜裂缝更快向下倾斜。而对于 EHSW8 试件,虽然仍然有预压应力的影响,但由于其轴压比较低,削弱了竖向力的影响,因此,该试件裂缝形状与试件 XJ 相似[61]。

(3)对于 EHSW 试件,区别于试件 XJ 的另一个重要现象为,EHSW 试件破坏范围更为集中于拼缝附近,破坏程度也较轻。分析认为,在加载中后期,水平拼缝的张开抑制了裂缝的扩展,从而限制了塑性铰的发展。对于破坏程度较轻,分析认为,试件墙体端部受拉裂缝的抑制,保证了受压时混凝土的完整性,提高了混凝土的承压能力与变形能力,从而减轻了混凝土的破坏程度[63]。另外,墙肢端部采用进一步加密的扣接封闭箍筋,可有效改善混凝土的约束性能,提高其变形能力,也可降低混凝土的破坏程度。

(4)对于不同无粘结长度的浆锚钢筋 EHSW 试件,均未发生锚固滑移破坏,且受拉钢筋均存在拉断现象。因此,可以认为对于 ϕ16 钢筋(HRB400),采用浆锚连接,其锚固长度 350 mm 即可保证钢筋拉力的充分发挥,该长度大约为 22 d,大约是其抗震锚固长度 37 d(按一、二级抗震,C35 计算)的 60%,与课题组前期试验结果基本一致。

(5)需要说明的是,对于 EHSW 试件,虽然试验装置中考虑了防扭转措施,但试验中仍然观察到了墙体扭转现象,尤其是加载后期此现象更为明显。分析认为,到加载后期,坐浆层在压、剪复合作用下,已发生压碎,但压碎程度在整个截面上并不均匀,从而导致剪力墙底面,尤其是作为转动支点的墙肢端部底面不平整,因此,不可避免地造成扭转现象的发生。该现象将导致 EHSW 试件性能不能充分发挥,对其性能有一定程度的影响,可以做出可靠推测,在本次试验结果的基础上,EHSW 试件应有更好的性能表现。

3.4 滞回曲线分析

试件在往复循环荷载作用下全过程的荷载-位移曲线即滞回曲线,它体现了钢筋混凝土结构或构件由于材料非线性性质所导致的荷载卸载至零时位移不能恢复,即仍有残余变形的"滞后"特性,综合反映了结构或构件在反复循环荷载作用下的承载力、刚度、变形能力及耗能能力等。滞回曲线按照其形状,可分为梭形、弓形、反 S 形及 Z 形四种基本形态(图 3-19)[60]。梭形滞回曲线形状饱满,无捏缩效应,无剪切滑移影响,反映出结构或构件很强的弹塑性性能,具有该类型曲线的结构或构件拥有良好的抗震性能与耗能能力,常见于弯曲、压弯、偏压型受力构件及不发生剪切破坏的弯剪型受力构件;弓形滞回曲线形状比较饱满,有捏缩效应,显示一定的剪切滑移影响,反映出较强的弹塑性性能,具有该类型曲线的结构或构件拥有较好的抗震性能与耗能能力,常见于剪跨比较大,剪力较小并配有一定箍筋的弯剪构件和压弯剪构件,一般的钢筋混凝土结构,其滞回曲线均属此类;反 S 形滞回曲线形状不够饱满,捏缩效应明显,反映了更多的剪切滑移影响,具有该类型曲线的结构或构件的抗震性能与耗能能力较差,常见于一般框架、梁柱节点和剪力墙等类型构件中;Z 形滞回曲线则反映出大量的剪切滑移影响,曲线具有滑移性质,一般为剪切破坏或锚固破坏形态,常见于小剪跨而斜裂缝又可以充分发展的构件以及锚固钢筋有较大滑移等类型的构件。

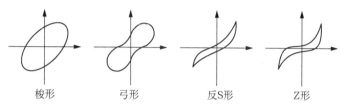

梭形　　　弓形　　　反S形　　　Z形

图 3-19　滞回曲线形状

各试件的荷载-位移滞回曲线见图 3-20。从图中可以看出,EHSW 试件与 XJ 试件滞回曲线特征基本一致。开裂前加载、卸载曲线基本重合,滞回环面积很小,曲线基本为一条直线,试件处于弹性工作状态;开裂后,试件刚度发生退化,曲线向位移轴倾斜,卸载后仍有残余变形,说明试件已进入弹塑性工作状态,滞回环开始弯曲并稳定发展,试件残余变形慢慢增大,滞回环面积也逐渐增大,滞回曲线为尖锐的梭形;进入位移加载阶段,剪切位移分量增大,剪切对滞回曲线的捏缩影响增大,同时,钢筋屈服后粘结滑移快速发展,由滑移引起的滞回曲线捏缩效应增大,从而导致滞回曲线捏缩效应越来越明显,试件残余变形增大,滞回环形状由尖锐梭形直接向反 S 形转变。随着加载位移的增大,滞回曲线形状仍然保持为反 S 形,但曲线较为饱满,反映了试件良好的弹塑性工作性能。对于各试件最终破坏时所经历的循环加载情况,试件 XJ、EHSW3、EHSW5、EHSW6、EHSW7 均完成了第 4 级位移加载等级的第 2 次循环,试件 EHSW1、EHSW4、EHSW8 均完成了第 4 级位移加载等级的第 3 次循环,试件 EHSW2 则仅完成了第 4 级位移加载等级的第 1 次循环。

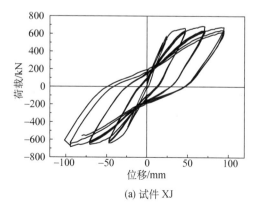

(a) 试件 XJ

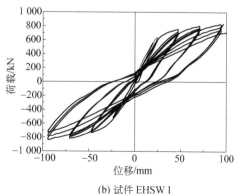

(b) 试件 EHSW1

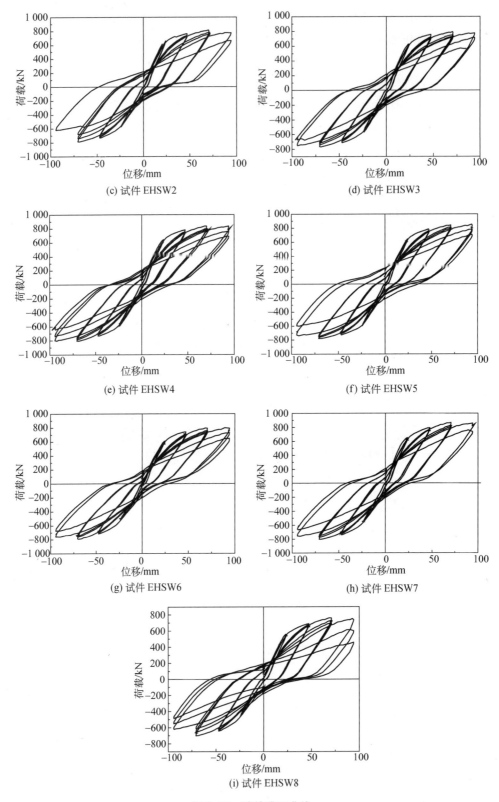

(c) 试件 EHSW2

(d) 试件 EHSW3

(e) 试件 EHSW4

(f) 试件 EHSW5

(g) 试件 EHSW6

(h) 试件 EHSW7

(i) 试件 EHSW8

图 3-20　试件滞回曲线

将不同无粘结预应力筋预拉力(张拉控制应力)、不同无粘结预应力筋面积(根数)、不同浆锚钢筋无粘结长度及不同轴压比的对比试件滞回曲线分别示于图 3-21 中。

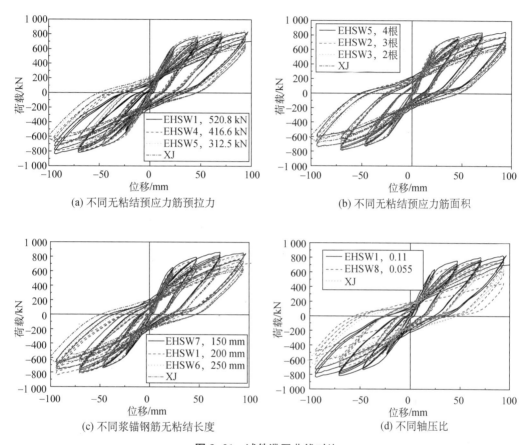

(a) 不同无粘结预应力筋预拉力

(b) 不同无粘结预应力筋面积

(c) 不同浆锚钢筋无粘结长度

(d) 不同轴压比

图 3-21　试件滞回曲线对比

从图 3-21 中可以初步看出,与现浇试件对比,EHSW 试件表现出更高的承载力和刚度性能,滞回环的捏缩效应更为明显一点,即其卸载后残余变形较小;预应力筋预拉力及面积、浆锚钢筋无粘结长度等参数变化对滞回曲线的形状、走势无明显有规律的影响;轴压比的降低造成滞回环向位移轴倾斜,试件整体刚度有所降低,滞回环包围面积也有一定程度变化,同时,可以发现低轴压比的试件 EHSW8 的滞回曲线与试件 XJ 的滞回曲线较为接近,尤其是在加载中前期基本重合,分析认为轴压比降低带来的轴压损失值 473.2 kN 大致与预应力筋张拉力 520.8 kN 接近,从而使两者在加载前期性能较为接近,随着加载等级的提高,试件水平变形增大导致预应力筋伸长量变大、内力增大,从而其对试件承载力、刚度贡献快速增大,两个试件在加载后期又逐渐出现差异[61]。

3.5 骨架曲线分析

滞回曲线的外包络线即为骨架曲线,它是每次循环加载达到的水平力最大峰值的轨迹,反映了构件受力与变形的各个不同阶段及特性(强度、刚度、延性及耗能等),也是确定恢复力模型中特征点的重要依据。

各试件的骨架曲线见图 3-22,从图中可以发现,各试件骨架曲线走势基本一致,表现

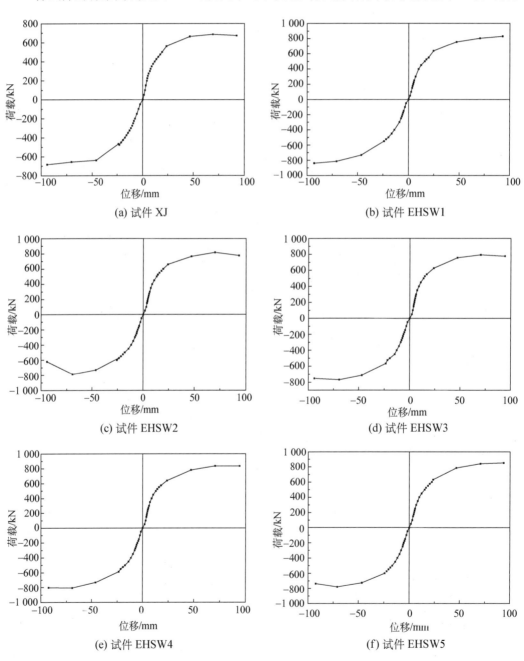

(a) 试件 XJ　　　　　　　　　　(b) 试件 EHSW1

(c) 试件 EHSW2　　　　　　　　(d) 试件 EHSW3

(e) 试件 EHSW4　　　　　　　　(f) 试件 EHSW5

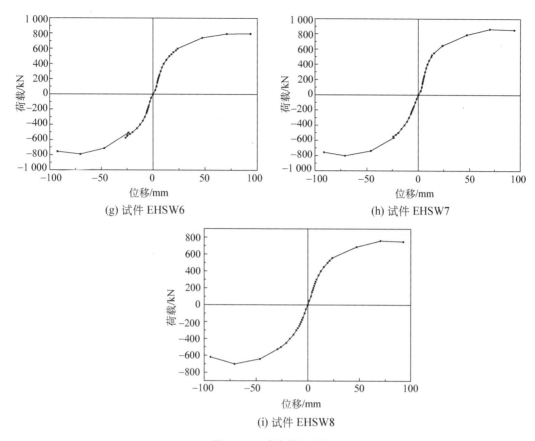

(g) 试件 EHSW6　　　　　　　　　(h) 试件 EHSW7

(i) 试件 EHSW8

图 3-22　试件骨架曲线

出相近的发展规律,在低周反复荷载作用下都经历了弹性、开裂、屈服、极限和破坏等几个阶段;各试件屈服后,骨架曲线继续缓慢上升,表明试件承载力仍然有一定程度的提高,接近峰值荷载后,曲线基本平缓,未发生明显的承载力突降,说明在加载后期大变形条件下,试件仍然能保持足够的承载力,延性表现良好,有利于抗震。

　　将不同无粘结预应力筋预拉力(张拉控制应力)、不同无粘结预应力筋面积(根数)、不同浆锚钢筋无粘结长度及不同轴压比的对比试件骨架曲线分别示于图 3-23 中。

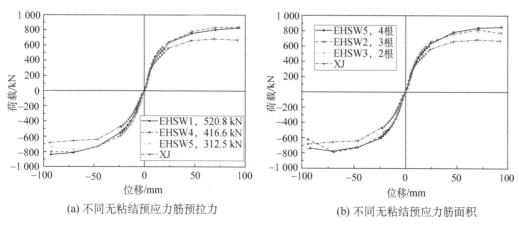

(a) 不同无粘结预应力筋预拉力　　　　　　　　(b) 不同无粘结预应力筋面积

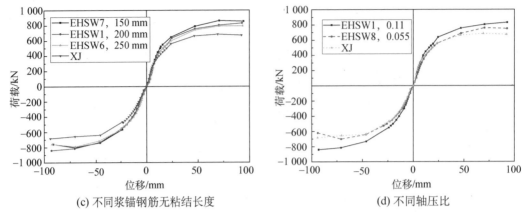

(c) 不同浆锚钢筋无粘结长度   (d) 不同轴压比

图 3-23 试件骨架曲线对比

从图 3-23 中可以初步看出，各种参数变化下的骨架曲线形状、走势基本相同，其中，轴压比的增大对骨架曲线影响相对较为明显，且如前分析，试件 EHSW8 骨架曲线与试件 XJ 在加载初期基本吻合，到后期两者逐渐分离。

3.6 承载力分析

3.6.1 特征点承载力分析

将各试件的开裂、屈服及峰值荷载列于表 3-13 中。与试件 XJ 对比，各 EHSW 试件特征点荷载均较高，可以看出，无粘结预应力筋带来的初始预拉力有效提高了试件的抗裂性能，延缓了试件的开裂。另外，无粘结预应力筋虽位于墙肢中部，但仍然对试件承载力有所贡献，从而造成试件屈服荷载与峰值荷载有一定程度的提高。

表 3-13 试件特征点承载力数据

试件	开裂荷载[1]/kN	屈服荷载[2]/kN	峰值荷载[3]/kN
XJ	225	475	685
EHSW1	300	550	839
EHSW2	250	525	816
EHSW3	250	500	792
EHSW4	275	550	836
EHSW5	250	550	851
EHSW6	300	575	796
EHSW7	300	500	864
EHSW8	225	500	759

注：1. 开裂荷载取试件产生第一条裂缝时对应的水平荷载；
　　2. 屈服荷载取试件竖向钢筋首次屈服时对应的水平荷载；
　　3. 峰值荷载取试件在整个加载过程中水平荷载的最大值。

将不同无粘结预应力筋预拉力(张拉控制应力)、不同无粘结预应力筋面积(根数)、不同浆锚钢筋无粘结长度及不同轴压比的对比试件特征点承载力分别示于图 3-24 中。

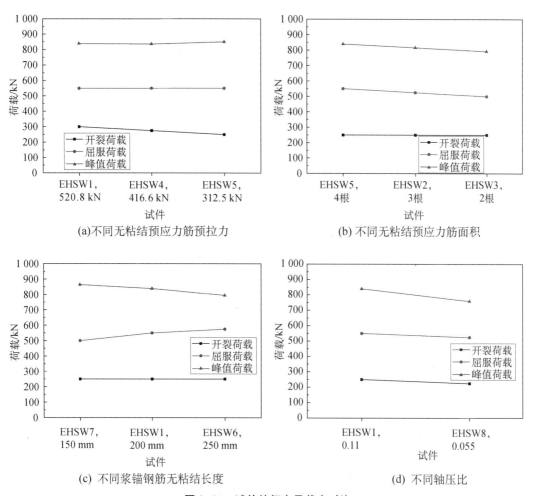

(a)不同无粘结预应力筋预拉力

(b) 不同无粘结预应力筋面积

(c) 不同浆锚钢筋无粘结长度

(d) 不同轴压比

图 3-24　试件特征点承载力对比

从图 3-24 中可以看出,在其他参数保持不变的前提下:

(1) 随着无粘结预应力筋预拉力的提高,对开裂荷载有明显影响,开裂荷载线性增大,对屈服荷载与峰值荷载无明显影响。分析认为,无粘结预应力筋预拉力提高,将有效延缓试件开裂,提高试件的抗裂性能,但由于其对试件配筋率或预应力强度比无影响,因此,对试件的屈服荷载、峰值荷载影响不大。

(2) 随着无粘结预应力筋面积的增大,试件屈服荷载与峰值荷载均有所提高,而对开裂荷载无明显影响。分析认为,无粘结预应力筋面积增大,提高了试件的配筋率,使得试件屈服荷载、峰值荷载得到提高,但由于预应力筋位于截面中部,限制了其对试件承载力的贡献,造成其提高幅度相对较小(最高提高幅度不超过 10%);而由于保持了无粘结预应力筋总的预拉力不变,预应力筋面积变化不能对试件开裂荷载造成影响[64]。

(3) 随着浆锚钢筋无粘结长度的增大,试件屈服荷载逐渐增大,峰值荷载逐渐降低,而开裂荷载无明显影响。分析认为,浆锚钢筋无粘结长度的增长,将在一定程度上避免钢筋应变集中,改善钢筋受力,从而延缓钢筋屈服,提高了试件的屈服荷载,同时,在同等级位移加载条件下,钢筋超强程度将随着无粘结长度的增大而降低,从而导致其峰值荷载随无粘结长度的增大而降低[62]。

(4) 随着轴压比的增大,试件开裂荷载、屈服荷载及峰值荷载均逐渐提高。分析认为,轴压比对 EHSW 试件承载力的影响规律符合一般压弯构件的力学特性,即轴压比增大,将同时提高试件的各个阶段的荷载。

3.6.2 承载力降低性能分析

承载力降低性能可直观反映试验试件保持荷载承载力水平的性能优劣,其值越高表示承载力不致过快、过早下降,以确保试件仍然具有足够的承载力,以免突然倒塌。对于试件承载力降低性能,《建筑抗震试验方法规程》(JGJ/T 101—2015)[58]的规定采用同一级加载各次循环所得荷载降低系数 λ_i 进行比较,其计算方法见式 3.5。

$$\lambda_i = \frac{F_j^i}{F_j^{i-1}} \tag{3.5}$$

式中 F_j^i ——位移延性系数为 j 时,第 i 次循环峰点荷载值;

F_j^{i-1} ——位移延性系数为 j 时,第 $i-1$ 次循环峰点荷载值。

本次试验取同级加载位移下各次循环峰点荷载值进行计算,同时,规定各级位移第 1 次循环的荷载降低系数为 1。将各试件在位移加载过程中的荷载降低系数计算结果汇总于表 3-14,表中"加载过程"一列,"Δ"代表单位加载位移,即 23 mm,"Δ"前面的数字代表位移倍数,"Δ"后面的数字代表循环次数,"+"代表加载正向,"−"代表加载负向。例如,"−4Δ3"代表−92 mm 加载等级第 3 次循环。另外,对于部分试件未完成最终加载等级整个加载循环的情况(如试件 XJ 仅完成第 4 级位移第 3 次循环的正向加、卸载过程),表中则未做统计。

表 3-14 试件荷载降低系数

加载过程	试验试件								
	XJ	EHSW1	EHSW2	EHSW3	EHSW4	EHSW5	EHSW6	EHSW7	EHSW8
−4Δ3	—	0.927	—	—	0.878	—	—	—	0.882
−4Δ2	0.944	0.946	—	0.906	0.926	0.819	0.886	0.870	0.902
−4Δ1	1.000	1.000	1.000	1.000	1.000	1.000	1.000	1.000	1.000
−3Δ3	0.991	0.982	0.923	0.975	0.976	0.983	0.978	0.970	0.943
−3Δ2	0.979	0.974	0.940	0.961	0.978	0.968	0.972	0.963	0.941
−3Δ1	1.000	1.000	1.000	1.000	1.000	1.000	1.000	1.000	1.000
−2Δ3	0.997	0.996	0.990	0.987	0.992	0.993	0.993	0.986	0.986

加载过程	试验试件								
	XJ	EHSW1	EHSW2	EHSW3	EHSW4	EHSW5	EHSW6	EHSW7	EHSW8
$-2\Delta2$	0.976	0.978	0.979	0.971	0.977	0.985	0.975	0.984	0.984
$-2\Delta1$	1.000	1.000	1.000	1.000	1.000	1.000	1.000	1.000	1.000
$-1\Delta3$	0.998	0.996	1.000	0.991	0.988	0.998	0.998	0.995	0.995
$-1\Delta2$	0.996	0.996	0.997	0.982	0.979	0.997	1.000	0.988	1.000
$-1\Delta1$	1.000	1.000	1.000	1.000	1.000	1.000	1.000	1.000	1.000
$+1\Delta1$	1.000	1.000	1.000	1.000	1.000	1.000	1.000	1.000	1.000
$+1\Delta2$	0.951	0.918	0.958	0.973	0.973	0.983	0.975	0.972	0.986
$+1\Delta3$	0.996	0.990	0.995	0.990	0.989	0.992	0.988	0.987	0.993
$+2\Delta1$	1.000	1.000	1.000	1.000	1.000	1.000	1.000	1.000	1.000
$+2\Delta2$	0.963	0.948	0.975	0.954	0.963	0.964	0.958	0.962	0.977
$+2\Delta3$	0.997	0.974	0.990	0.988	0.983	1.000	0.983	1.000	0.996
$+3\Delta1$	1.000	1.000	1.000	1.000	1.000	1.000	1.000	1.000	1.000
$+3\Delta2$	0.921	0.943	0.957	0.963	0.949	0.967	0.956	0.953	0.949
$+3\Delta3$	0.992	0.997	0.976	0.973	0.969	0.969	0.976	0.973	0.965
$+4\Delta1$	1.000	1.000	1.000	1.000	1.000	1.000	1.000	1.000	1.000
$+4\Delta2$	0.952	0.921	—	0.921	0.928	0.917	0.919	0.896	0.816
$+4\Delta3$	—	0.884	—	—	0.904	—	—	—	0.730

从表 3-14 中数据可以看出,各试件在加载过程中的荷载降低系数均较高,说明试件承载力降低缓慢,在大变形条件下可稳定保持承载力,在弹塑性阶段仍然具有良好的整体稳固性。各试件的承载力降低性能规律相同,即在每级位移 3 次循环的加载条件下,第 2 次循环承载力下降较多,而第 3 次循环承载力基本能保持第 2 次循环的承载力水平。

3.7 刚度退化分析

根据《建筑抗震试验方法规程》(JGJ/T 101—2015)[58] 的规定,试件刚度可用割线刚度表示,割线刚度 K_i 的计算方法见式 3.6。

$$K_i = \frac{|+F_i| + |-F_i|}{|+X_i| + |-X_i|} \tag{3.6}$$

式中 F_i ——第 i 次循环峰点荷载值;

　　　　X_i ——第 i 次循环峰点位移值。

　　将各试件弹性阶段、屈服阶段(剪力墙竖向钢筋首次屈服)及位移加载阶段各次循环的割线刚度的变化过程示于图 3-25 中。各试件刚度变化规律基本相同,在试件开裂、屈服及位移加载的不同等级,刚度均会出现幅度较明显的降低,而同一级位移加载的各次循环中,刚度也会发生一定程度的降低,但幅度相对较小。随着加载等级的提高,试件刚度逐渐退化,但退化速度有逐渐减缓的趋势,曲线随着位移等级的增加渐趋平缓。

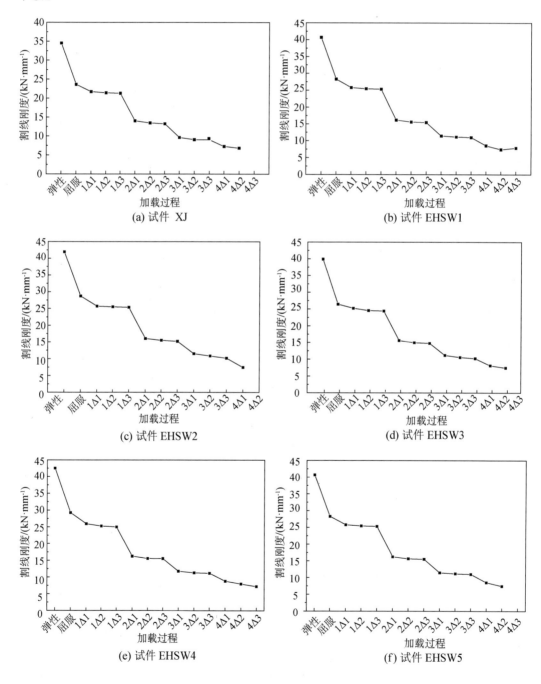

(a) 试件 XJ

(b) 试件 EHSW1

(c) 试件 EHSW2

(d) 试件 EHSW3

(e) 试件 EHSW4

(f) 试件 EHSW5

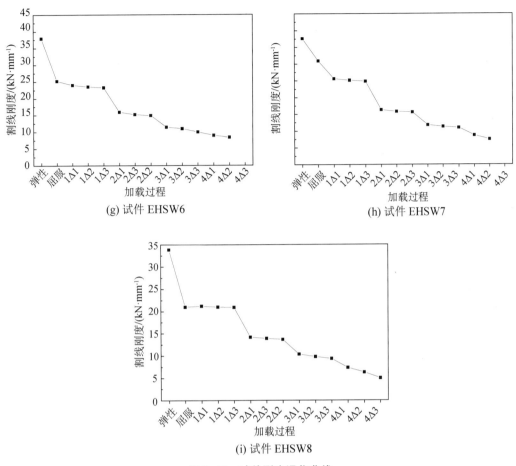

(g) 试件 EHSW6

(h) 试件 EHSW7

(i) 试件 EHSW8

图 3-25　试件刚度退化曲线

　　将不同无粘结预应力筋预拉力(张拉控制应力)、不同无粘结预应力筋面积(根数)、不同浆锚钢筋无粘结长度及不同轴压比的对比试件全过程刚度变化、弹性刚度及屈服刚度变化情况分别示于图 3-26 中。

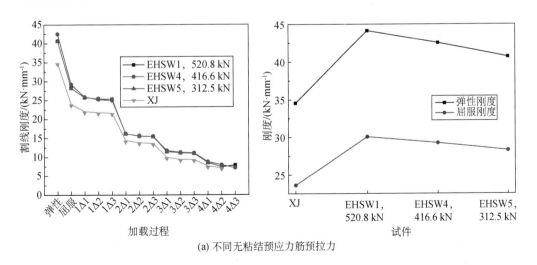

(a) 不同无粘结预应力筋预拉力

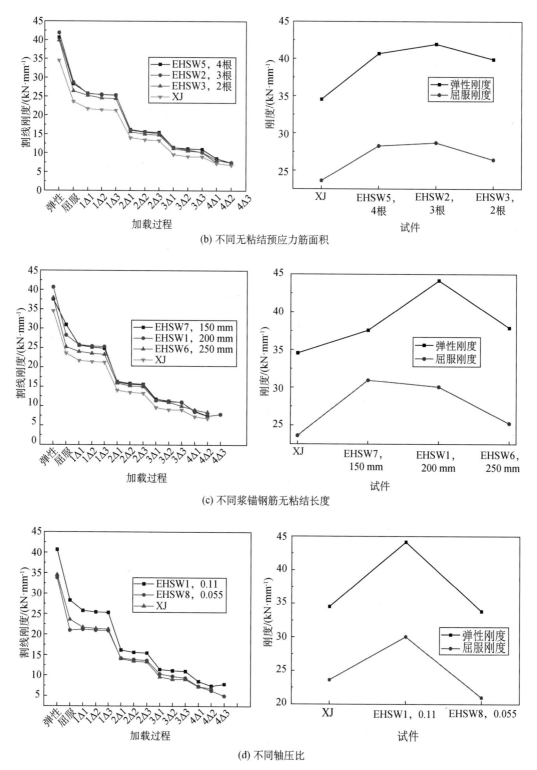

(b) 不同无粘结预应力筋面积

(c) 不同浆锚钢筋无粘结长度

(d) 不同轴压比

图 3-26　试件刚度对比

从图 3-26 中可以初步看出,除轴压比的降低导致 EHSW 试件的弹性刚度与屈服刚度较试件 XJ 偏低外,其他各参数组合的 EHSW 试件的弹性刚度与屈服刚度均较试件 XJ 有一定程度的提高。同时,在其他参数保持不变的前提下:

(1)随着无粘结预应力筋预拉力的提高,试件弹性刚度与屈服刚度均逐渐提高。分析认为,无粘结预应力筋预拉力变化,将直接影响试件刚度,尤其对弹性刚度影响明显,随预应力筋预拉力的增大,弹性刚度与屈服刚度均得到提高,且弹性刚度增长更快。

(2)随着无粘结预应力筋面积的增大,试件弹性刚度与屈服刚度均先增后降。分析认为,无粘结预应力筋面积虽然变化,但由于保持无粘结预应力筋中预拉力不变,因此,对试件刚度特性影响不直接也不明显,表现在随预应力筋面积的增大,试件刚度变化无明显规律性,且变化量值不大。同时,试件屈服后直至 2Δ 阶段刚度提高效应明显,说明无粘结预应力压接可明显提高试件屈服前后刚度,随着位移加载等级的增大,刚度提高效应逐渐减小[64]。

(3)随着浆锚钢筋无粘结长度的增大,试件弹性刚度先增后降,屈服刚度则始终呈下降趋势。分析认为,浆锚钢筋无粘结长度的变化,将直接延缓钢筋屈服,且由于其无粘结构造,钢筋屈服时其整体伸长值随之增大,从而增大了试件屈服位移,也即导致试件屈服刚度下降。而由于弹性阶段钢筋受力较小,应变有限,无粘结长度导致的伸长差值不大,因此,浆锚钢筋为粘结长度则对试件弹性刚度影响不直接,随着无粘结长度的增大,试件弹性刚度无明显规律性,表现为数据显示的弹性刚度先增后降。同时,试件屈服后直至 2Δ 阶段,由于无粘结长度的不同,试件刚度存在离散,进入 2Δ 阶段后,无粘结长度的影响基本消失,各 EHSW 试件表现出非常接近的刚度特性[62]。

(4)随着轴压比的增大,弹性刚度与屈服刚度均明显提高。分析认为,轴压比的影响效应与无粘结预应力筋预拉力一致,随着轴压比的降低,试件弹性刚度与屈服刚度均快速下降,在较低轴压比条件下,EHSW 试件刚度甚至低于试件 XJ。

3.8 位移延性分析

延性,是指结构、构件或构件的某个截面从屈服开始到达最大承载能力或到达以后而承载能力还没有明显下降期间的变形能力。延性好的结构、构件或构件的某个截面的后期变形能力大,在达到屈服或最大承载能力状态后仍能吸收一定量的能量,能避免脆性破坏的发生。因此,延性是反映结构或构件塑性变形能力的重要参数,也是衡量结构抗震性能的重要指标之一。现阶段结构抗震设计,尤其是对于高层建筑结构,往往均是按延性设计,良好的延性能使结构或构件适应偶然的超载或荷载的反复所产生的内力和变形,延性结构的后期变形能力,可以作为结构的安全储备。

结构或构件的延性性能通常用延性系数来表征,延性系数又包括曲率延性系数、转角延性系数和位移延性系数,三者从截面、构件或结构等不同层次来反映其延性特性。本书采用位移延性系数来进行试件延性特性的分析。

对于位移延性系数的计算,参照《建筑抗震试验方法规程》(JGJ/T 101—2015)[58]的规定,位移延性系数 μ 的计算方法见式 3.7。

$$\mu = \frac{\Delta_u}{\Delta_y} \tag{3.7}$$

式中 Δ_u——试件的极限位移;

Δ_y——试件的屈服位移。

对于极限位移 Δ_u 的确定,可根据《建筑抗震试验方法规程》(JGJ/T 101—2015)[58]的规定,取荷载下降至峰值荷载的 85% 所对应的位移值。由于本书大多数试件直至试验结束时,荷载均未发生明显下降,故取试验终止位移作为极限位移。

对于屈服位移 Δ_y 的确定,方法有很多种,包括修正通用弯矩屈服法、能量等效法、几何作图法等。本书采用 Park 法,其屈服位移的确定相对简便,且与以往试验数据吻合较好。其确定屈服位移的基本过程为:在试件骨架曲线中,过峰值荷载点作一条水平线,再过峰值荷载的 75% 作一条水平线与骨架曲线交于一点,通过该点与原点作一条割线,与过峰值荷载的水平线交于一点,再从该点向下作垂线,与骨架曲线交于一点,该点即为屈服点,该点的位移值即为待确定的屈服位移值[65]。该作图求解过程简单示于图 3-27 中。

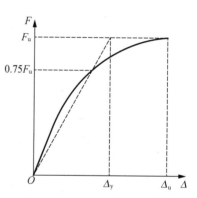

图 3-27 Park 法确定屈服位移

将各试件的屈服位移、极限位移及计算得到的位移延性系数列于表 3-15 中。从表中可以看出,除试件 EHSW1 与 EHSW6 外,EHSW 试件的平均位移延性系数均与试件 XJ 接近,甚至更高,说明 EHSW 试件具有良好的延性性能,利于抗震。

表 3-15 试件位移延性系数

试件	屈服位移/mm		极限位移/mm		位移延性系数		平均位移延性系数
	正向	负向	正向	负向	正向	负向	
XJ	27.3	−39.7	92.4	−94.2	3.38	2.37	2.875
EHSW1	31.2	−44.5	92.9	−93.1	2.98	2.09	2.535
EHSW2	28.5	−34.1	93.3	−94.3	3.27	2.77	3.020
EHSW3	27.5	−32.9	94.2	−94.0	3.43	2.86	3.145
EHSW4	30	−35.6	94.1	−92.5	3.14	2.60	2.870
EHSW5	32.4	−30	92.2	−92.2	2.85	3.07	2.960
EHSW6	31.6	−44.2	93.5	−92.5	2.96	2.09	2.525
EHSW7	29.1	−34.8	94.3	−91.2	3.24	2.62	2.930
EHSW8	28.4	−36.7	92.9	−93.9	3.27	2.56	2.915

通过对比不同无粘结预应力筋预拉力(张拉控制应力)、不同无粘结预应力筋面积(根数)、不同浆锚钢筋无粘结长度及不同轴压比参数的对比试件的平均位移延性系数可以看出,在其他参数保持不变的前提下:

(1) 提高无粘结预应力筋预拉力,将降低试件位移延性系数。分析认为,无粘结预应力筋预拉力增大,将增大竖向钢筋初始压应变,延缓钢筋屈服,并增大试件屈服位移,从而减小试件位移延性。

(2) 无粘结预应力筋面积的减少,可提高试件位移延性。分析认为,无粘结预应力筋面积的变化,可直接改变试件配筋率及预应力强度比,因此,当其面积减少,配筋率与预应力强度比将降低,从而提高试件延性,这也与《预应力混凝土结构抗震设计规程》(JGJ 140—2004)[53]限制预应力筋用量的规定相一致。

(3) 浆锚钢筋无粘结长度的增大,将降低试件位移延性系数。分析认为,浆锚钢筋无粘结长度增大,同样将延缓钢筋屈服,增大试件屈服位移,同样导致试件位移延性的降低。

(4) 轴压比的降低,可改善试件位移延性。分析认为,轴压比对试件位移延性的影响与无粘结预应力筋预拉力效应相同,因此,轴压比的减小显著改善了试件位移延性。

3.9 耗能能力分析

地震时结构处于地震能量场内,地震将能量输入结构,结构有一个能量吸收和耗散的持续过程。当结构进入弹塑性状态时,其抗震性能主要取决于结构的耗能能力。在循环荷载作用下,期望结构有足够大的耗能能力而承载力和刚度没有明显的丧失。滞回曲线中加载阶段荷载-位移曲线下所包围的面积可以反映结构吸收能量的大小,而卸载阶段的曲线与加荷曲线中所包围的阴影面积即为耗散的能量。这些能量是通过材料的内摩阻或局部损伤而将能量转换为热能散失到空间中去的。因此,荷载-位移滞回曲线中滞回环的面积是被用来评定结构耗能的一项重要指标。

表征结构或构件能量耗散能力的指标较多,通常采用的有等效粘滞阻尼系数 h_e 和功比指数 I_w(Working Index)这两种指标。本书采用等效粘滞阻尼系数 h_e 来判定试验试件的能量耗散能力,其计算方法见图 3-28 与式 3.8。

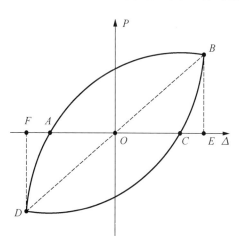

图 3-28 等效粘滞阻尼系数计算图示

$$h_e = \frac{1}{2\pi} \cdot \frac{S_{ABCD}}{S_{\triangle OBE} + S_{\triangle ODF}} \tag{3.8}$$

式中 S_{ABCD}——滞回环 $ABCD$ 的面积；

      $S_{\triangle OBE}$——三角形 OBE 的面积；

      $S_{\triangle ODF}$——三角形 ODF 的面积。

    将各试件在位移加载阶段各个加载等级的各次循环的等效粘滞阻尼系数计算并列于表 3-16 中。根据表中数值大小判断，虽然 EHSW 试件耗能表现各异，有数值大于试件 XJ 的，也有数值小于试件 XJ 的，但总体数据相差程度不大，两者相差最大在 20%（在位移加载初期，即 1Δ1 加载阶段，试件 EHSW5 与试件 XJ 的差值比值）以内，且随着加载等级的提高，相差程度逐渐缩小（仍然以试件 EHSW5 为例，直至 4Δ2 加载阶段，两者差值的比值降低至 8% 以内）。因此，可以认为 EHSW 试件均具有良好的耗能能力。

表 3-16   试件等效粘滞阻尼系数

加载过程	试验试件								
	XJ	EHSW1	EHSW2	EHSW3	EHSW4	EHSW5	EHSW6	EHSW7	EHSW8
1Δ1	0.018 25	0.021 95	0.019 97	0.020 07	0.020 06	0.014 68	0.016 08	0.021 56	0.021 54
1Δ2	0.013 56	0.014 99	0.014 57	0.014 79	0.014 87	0.012 15	0.013 11	0.014 28	0.016 88
1Δ3	0.012 46	0.013 6	0.013 7	0.013 96	0.014 03	0.011 64	0.012 24	0.013 28	0.015 93
2Δ1	0.059 48	0.053 43	0.060 32	0.062 29	0.056 94	0.059 52	0.051 02	0.055 84	0.060 47
2Δ2	0.044 59	0.036 9	0.046 76	0.048 11	0.042 55	0.045 09	0.032 64	0.042 32	0.048 67
2Δ3	0.041 04	0.033 23	0.043 42	0.045 28	0.038 91	0.042 67	0.030 13	0.039 47	0.046 26
3Δ1	0.076 61	0.059 02	0.072 42	0.075 12	0.066 02	0.069 76	0.047 88	0.079 39	0.075 65
3Δ2	0.069 32	0.052 45	0.067 94	0.072 12	0.059 29	0.064 26	0.039 63	0.070 27	0.069 76
3Δ3	0.067 2	0.050 39	0.065 92	0.071 14	0.060 35	0.062 49	0.037 04	0.069 66	0.068 11
4Δ1	0.093 98	0.069 54	0.086 25	0.088 93	0.077 87	0.084 81	0.058 36	0.088 81	0.084 27
4Δ2	0.084 13	0.064 65	—	0.079 05	0.075 61	0.077 52	0.052 32	0.087 11	0.083 29
4Δ3	—	0.061 75	—	—	0.072 59	—	—	—	0.082 40

    将不同无粘结预应力筋预拉力（张拉控制应力）、不同无粘结预应力筋面积（根数）、不同浆锚钢筋无粘结长度及不同轴压比参数的对比试件的等效粘滞阻尼系数绘制于图 3-29 中。

    从图 3-29 中可以看出，在其他参数保持不变的前提下：

    （1）无粘结预应力筋预拉力增大，试件耗能能力降低。分析认为，无粘结预应力筋预拉力增大，将延迟钢筋屈服，在相同极限位移条件下，浆锚钢筋屈服程度将降低，限制了钢筋屈服耗能，也在一定程度上降低了试件的耗能能力。

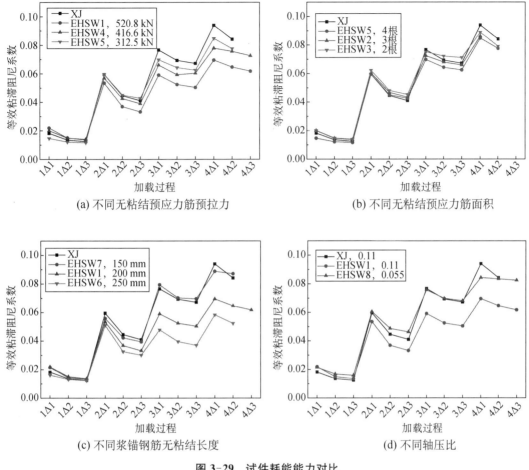

图 3-29　试件耗能能力对比

（2）无粘结预应力筋面积增大，试件等效粘滞阻尼系数减小，耗能能力降低，该参数变化的各 EHSW 试件耗能能力基本均与试件 XJ 接近。分析认为，无粘结预应力筋面积增大，试件预应力强度比增大，而承担耗能机制的普通钢筋的比例相对降低，从而将削弱试件耗能能力。

（3）浆锚钢筋无粘结长度增大，试件耗能能力降低较为明显。分析认为，浆锚钢筋无粘结长度增大，延缓了钢筋屈服，降低了钢筋屈服程度，同样限制了钢筋屈服耗能，从而降低了试件耗能能力。试验加载后期主要靠普通钢筋屈服耗能，而试件 EHSW7 由于钢筋无粘结长度最小，钢筋应力变化最接近试件 XJ，因此，其在加载后期较其他 EHSW 试件耗能表现稍优[62]。

（4）轴压比增大对试件耗能能力降低效应较为明显，轴压比较小的 EHSW8 试件的耗能能力与试件 XJ 耗能表现基本接近。分析认为，由于 EHSW 试件引入无粘结预应力筋，在较大位移加载等级下其变形恢复能力对试件整体性能的影响更为突出，表现为滞回环在卸载过程中的捏缩，从而在同等条件下，试件 EHSW1 的耗能能力弱于试件 XJ。而轴压比对试件耗能能力的影响可以认为与无粘结预应力筋的弹性恢复力的影响相似,竖向荷载在试件卸载过程中同样具有使试件恢复至初始位置的作用,因此,轴压比的降低对试件耗能能力的影响,同样与传统压弯构件的耗能特性一致,可有效改善试件耗能能力[61]。

3.10 残余变形分析

结构的残余变形表征了结构的变形恢复能力,而变形恢复能力的好坏直接影响到震后结构的使用性能、可修复程度和修复费用。

将各试件在屈服阶段及后续位移加载阶段各次加载循环的正向、负向荷载卸载至零时的残余变形绘制于图 3-30 中。从图中可以看出,各试件的残余变形具有基本相同的发展规律,在加载初期[即屈服阶段及第 1 级加载阶段(±23 mm)],试件残余变形较小,进入第 2 级加载阶段(±46 mm)后,残余变形明显增大。另外,除第 4 级加载阶段(±92 mm),可能接近试件破坏,残余变形变化幅度较大且规律性不一致外,其他各级加载的每次循环的残余变形变化不大,说明每级位移加载过程中残余变形较稳定。

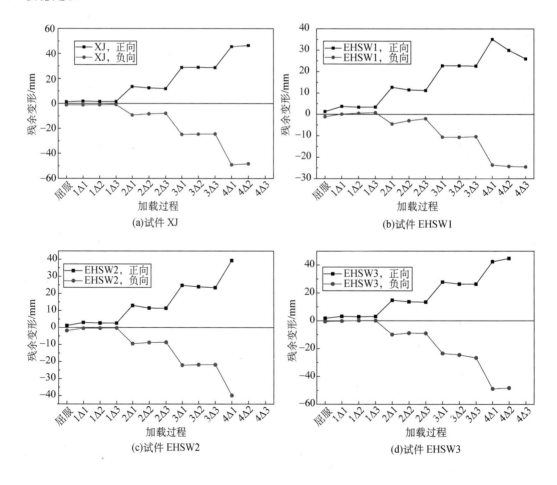

(a)试件 XJ

(b)试件 EHSW1

(c)试件 EHSW2

(d)试件 EHSW3

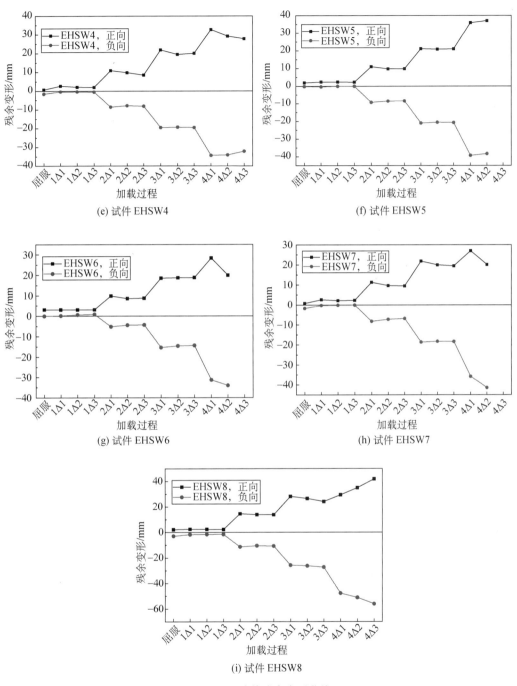

(e) 试件 EHSW4　　　(f) 试件 EHSW5

(g) 试件 EHSW6　　　(h) 试件 EHSW7

(i) 试件 EHSW8

图 3-30　试件残余变形曲线

将不同无粘结预应力筋预拉力（张拉控制应力）、不同无粘结预应力筋面积（根数）、不同浆锚钢筋无粘结长度及不同轴压比参数的对比试件的残余变形绘制于图 3-31 中。

从图 3-31 中可以看出，各 EHSW 试件的残余变形均基本小于试件 XJ，且在其他参数保持不变的前提下：

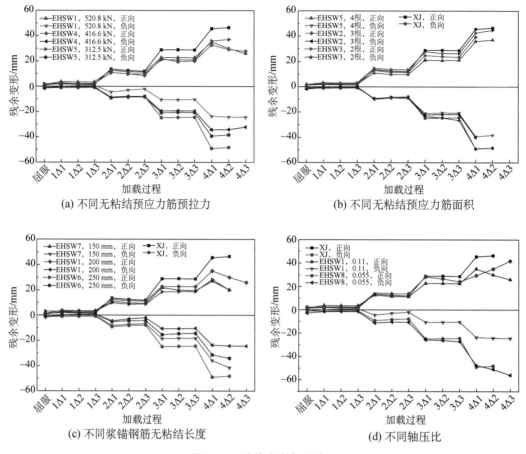

(a) 不同无粘结预应力筋预拉力　　　　　(b) 不同无粘结预应力筋面积

(c) 不同浆锚钢筋无粘结长度　　　　　　(d) 不同轴压比

图 3-31　试件残余变形对比

（1）无粘结预应力筋预拉力增大，试件残余变形明显减小。分析认为，无粘结预应力筋的预拉力增大，则直接造成预应力筋在各级荷载下的弹性恢复力同步增大，从而显著减小试件残余变形。

（2）无粘结预应力筋面积增大，试件残余变形有所减小，但程度不明显。分析认为，无粘结预应力筋面积的变化，对决定试件残余变形的预应力筋提供的弹性恢复力影响不够直接，因此，虽然随着预应力筋面积的增大，试件实测残余变形有所减小，但幅度不够明显。

（3）浆锚钢筋无粘结长度增大，试件残余变形的变化无明显规律。分析认为，浆锚钢筋有无粘结，不能直接影响无粘结预应力筋的受力及变形，也就对预应力筋弹性恢复力没有影响，与试件的残余变形没有直接联系。

（4）轴压比对试件残余变形影响同样较大，轴压比减小将明显增大试件残余变形。分析认为，轴压比对残余变形的影响与无粘结预应力筋的预拉力效应类似[61]，其可看作是无粘结预应力筋所提供的弹性恢复力的固定不变的一部分，因此，随着轴压比的增大，试件残余变形将随之减小。

3.11 钢筋应力/应变分析

试验中通过预埋的锚索压力传感器量测无粘结预应力筋在加载过程中的拉力变化情况，通过粘贴在浆锚钢筋、箍筋上的应变片量测钢筋应变变化情况，通过钢筋应力/应变发展情况的分析，可直观掌握试件的受力状况，进而可进一步分析试件的相关宏观力学特征，如屈服、耗能等特性。本书将根据压力传感器测量结果及预应力筋理论截面面积，给出预应力筋的实测应力值；对于钢筋应变片，由于其量程有限（拉、压应变限值 0.02），以及加载后期可能由于应变片滑脱或拉断导致数据发生漂移和溢出的数据失真现象，因此，对部分奇异数据进行了妥善处理。

另外，由于试件应变片数量较多，为节省篇幅并便于分析，仅给出关键部位的应变量测值。

3.11.1 预应力筋应力分析

无粘结预应力筋在加载全过程中的应力/拉力状态对 EHSW 试件的受力及变形的影响尤为重要。如前文所述，预应力筋的应力状态，直接决定了其所能提供的弹性恢复力，将直接影响 EHSW 试件的变形恢复能力。另外，预应力筋的应力将直接决定试件承载力，影响试件强度。

将各 EHSW 试件的初始阶段、加轴压后阶段的预应力筋应力及加载过程中的峰值应力与应力增量列于表 3-17 中。由于预应力筋张拉工艺的限制以及张拉工装、设备存在的间隙、滑移等固有缺陷，预应力筋初始预应力值与预先确定的预应力值有所差别，但基本相差不大，可满足试验所需的参数变化要求。

表 3-17　EHSW 试件无粘结预应力筋应力

试件	预应力筋数量	初始预应力/MPa	轴压后预应力/MPa	轴压后应力变化值/MPa	峰值应力/MPa	应力增量/MPa
EHSW1	4	880.3	864.2	−16.1	1158.9	278.6
EHSW2	3	758.5	741.8	−16.7	1082.1	323.6
EHSW3	2	1266.1	1248.2	−17.9	1416.1	150.0
EHSW4	4	676.8	658.9	−17.9	948.2	271.4
EHSW5	4	530.3	514.2	−16.1	808.9	278.6
EHSW6	4	827.6	811.5	−16.1	1127.6	300.0
EHSW7	4	893.7	877.6	−16.1	1177.6	283.9
EHSW8	4	885.2	877.1	−8.10	1167.4	282.1

表 3-17 中加轴压后的预应力筋应力变化值 $\Delta\sigma$ 可根据式 3.9 简单计算出其理论值，从该式中可以发现，在给定试件条件下，该阶段的应力变化量仅与所施加轴压力有关，并

且两者间成正比例关系,而与预应力筋数量没有直接关系。

$$\Delta\sigma = E_\mathrm{s}\frac{N}{E_\mathrm{c}A_\mathrm{w}} \tag{3.9}$$

式中 E_s——预应力钢绞线弹性模量,取 1.95×10^5 MPa;

         E_c——C35 混凝土弹性模量,取 3.15×10^4 MPa;

         A_w——试件墙体截面面积,计算得 340 000 mm²;

         N ——竖向力,包括两部分,一部分为试件除底座之外其他部分的自重,取理论值 32.9 kN,另一部分为外加轴压力,按轴压比不同,可取为 946.3 kN、473.15 kN。

因此,按式 3.9 计算得试件 EHSW1~7 预应力筋加轴压后预应力损失为 17.8 MPa,试件 EHSW8 的相应损失为 9.2 MPa。将理论值与实测值进行对比,可以发现实测值与理论值的规律性一致,虽然理论值未考虑材料参数离散性及设备工艺误差等因素,但理论值与实测值之间有很好的吻合性,也从另一方面证实了实测值的可靠。

另外,可以发现各个 EHSW 试件的预应力筋峰值应力均未超出其屈服强度(1 650 MPa,见表 3-3),这保证了无粘结预应力筋在整个试验过程中可以提供可靠、稳定的弹性恢复力,改善试件的自恢复能力,而一旦超出其屈服强度,由于预应力筋塑性变形的影响,其恢复力将受到较大影响,从而由此带来的自恢复能力则变得不可靠而不能利用了。

3.11.2 普通钢筋应变分析

选取各试验试件位于拼缝附近(距底座大约 30 mm)的最外侧受拉竖向钢筋及最底层水平箍筋(距离底座大约 80 mm)的应变片记录数据,并将其绘制于图 3-32 中。

由于 EHSW 试件浆锚钢筋均设置了局部无粘结构造,减弱了钢筋应变集中现象,减小了钢筋应变,浆锚钢筋的屈服将在较大荷载水平时才能发生,体现在表 3-13 中 EHSW 试件的屈服荷载均较试件 XJ 有所提高以及图 3-32 中钢筋屈服应变的滞后。同时,对于设置了不同无粘结长度的 EHSW 试件的屈服荷载对比来看,无粘结长度越长,应力集中削弱程度越高,因而钢筋屈服进一步滞后。但同时应该注意,正如前文所述,无粘结长度的增大,对试件耗能及延性是不利的。

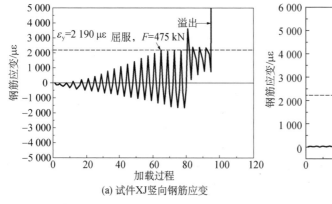

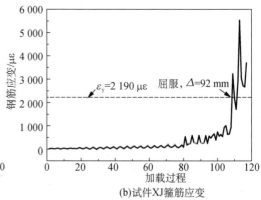

(a) 试件 XJ 竖向钢筋应变   (b)试件 XJ 箍筋应变

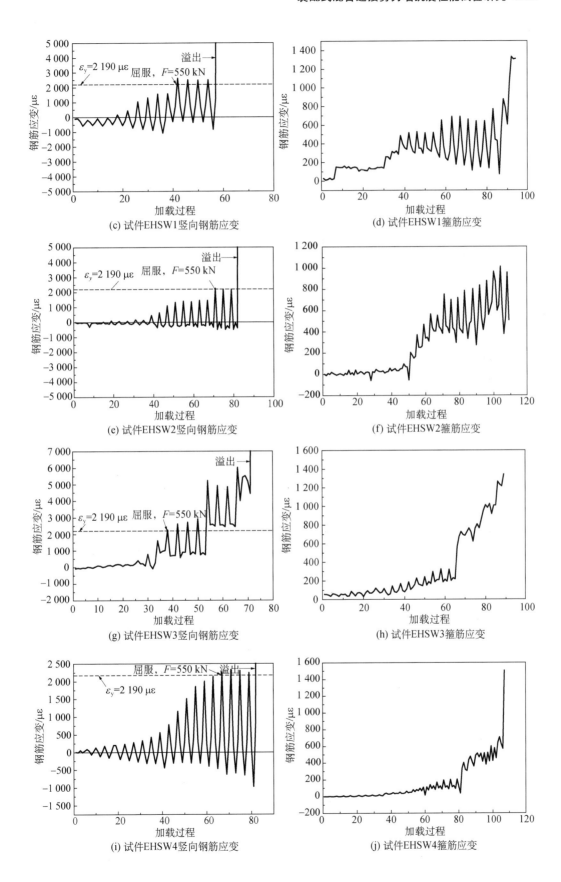

(c) 试件EHSW1竖向钢筋应变

(d) 试件EHSW1箍筋应变

(e) 试件EHSW2竖向钢筋应变

(f) 试件EHSW2箍筋应变

(g) 试件EHSW3竖向钢筋应变

(h) 试件EHSW3箍筋应变

(i) 试件EHSW4竖向钢筋应变

(j) 试件EHSW4箍筋应变

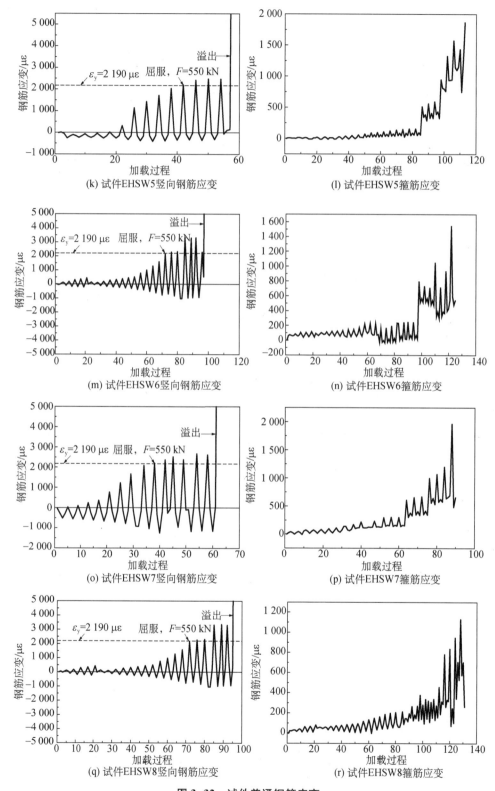

(k) 试件EHSW5竖向钢筋应变

(l) 试件EHSW5箍筋应变

(m) 试件EHSW6竖向钢筋应变

(n) 试件EHSW6箍筋应变

(o) 试件EHSW7竖向钢筋应变

(p) 试件EHSW7箍筋应变

(q) 试件EHSW8竖向钢筋应变

(r) 试件EHSW8箍筋应变

图 3-32　试件普通钢筋应变

对于竖向钢筋应变,一方面由于钢筋材料的包兴格效应,另一方面,混凝土保护层失效后,钢筋在拉压屈服的反复作用下,反向外弯折压屈,从而造成部分钢筋在整个受力过程中均呈现受拉状态,表现在图 3-32 中部分钢筋应变到加载后期基本全部位于 x 轴上方。

对于箍筋应变,箍筋基本上处于受拉状态,且同时可以发现,EHSW 试件由于采用了扣接封闭箍筋构造,箍筋肢受力更为连续、可靠,以致在试件破坏时,所有试件箍筋甚至尚未屈服,仍然维持对混凝土的良好约束,在提高混凝土材料延性的基础上使得试件混凝土破坏程度较轻,而试件 XJ 则在第 4 级加载的第一次循环时即屈服,从而丧失了对混凝土的约束,造成混凝土较为严重的破坏。

第4章

基于 ABAQUS 的装配式混合连接
剪力墙抗震性能数值分析

鉴于 EHSW 试件数量的局限性,试验数据不可避免地会出现一定的离散性,以及时间、精力的巨大消耗,为更为深入地掌握 EHSW 的抗震性能,基于 ABAQUS 有限元分析软件平台,同时考虑 ABAQUS 软件特点及限制,对各试件进行单调水平荷载作用下的受力全过程进行模拟,并与试验骨架曲线结果进行对比验证。在此基础上,对试验未考虑或无法考虑的参数取值进行补充计算,从而更深入地掌握各关键参数对 EHSW 抗震性能的影响规律,重点关注对 EHSW 承载力和刚度的影响趋势,为建立 EHSW 设计方法提供指导。

4.1 有限元模型建立

4.1.1 分析软件选择

通过非线性有限元数值分析,可以较好地模拟结构或构件在各种作用下的受力状态,研究结构或构件的受力性能,丰富试验研究成果。近年来,有限元分析方法在钢筋混凝土结构或构件中已得到了广泛应用。目前,用于有限元分析计算的大型通用软件有很多,比较有代表性的有 ABAQUS、ANSYS、ADINA、MSC.Marc 等。

其中,ABAQUS 是国际上最先进的大型通用有限元计算软件之一,具有广泛的模拟性能。ABAQUS 拥有众多单元库、材料库、截面库、分析模块等,可以用来分析各种领域的问题,尤其是能够驾驭非常庞大复杂的钢筋混凝土之间的非线性问题,使其在国内外研究中被广泛地应用。

由于 EHSW 试件试验涉及大量的材料非线性(钢筋材料的屈服及混凝土材料的损伤引起)、边界非线性(水平拼缝张开与闭合受力状态引起),因此,本书选择 ABAQUS 软件进行有限元分析工作。

ABAQUS 由多个功能模块构成,包括前后处理模块 ABAQUS/CAE、主求解器模块 ABAQUS/Standard 和 ABAQUS/Explicit,以及 ABAQUS/Design、ABAQUS/Aqua、ABAQUS/Foundation 等。本书有限元分析过程中主要使用的模块为 ABAQUS/CAE 与 ABAQUS/Standard。其中,ABAQUS/CAE 是 ABAQUS 的图形交互环境,可用来方

便、快捷地构造试件,显示分析结果;ABAQUS/Standard 是一个通用分析模块,它使用隐式求解方法,能够求解广泛领域的线性和非线性问题,包括静态分析、动态分析,以及复杂的非线性耦合物理场分析等。而另一个求解器模块 ABAQUS/Explicit 用于显式动力分析,它使用显式求解方法,适用于求解复杂非线性动力学问题和准静态问题,特别是用于模拟短暂、瞬时的动态事件[66]。由于本书试验加载方式采用拟静力加载方式,因此,选择 ABAQUS/Standard 分析模块。

4.1.2 单元类型选择

ABAQUS 具有丰富的单元库,单元种类多达 400 多种,共分为 8 大类,即连续体单元(实体单元)、壳单元、薄膜单元、梁单元、杆单元、刚体单元、连接单元和无限元。根据节点位移的插值阶数,又分为线性单元、二次单元与修正的二次单元。各单元的积分算法又包括完全积分与减缩积分两种[67]。

为充分反映试件的应力/应变情况,本书选取连续体单元对试件进行模拟。对于混凝土部分,包括试件底座、墙体与加载梁,采用 C3D8R(8 节点六面体线性减缩积分单元)模拟混凝土三维应力/应变状态。另外,为避免线性减缩积分单元存在的"沙漏"数值问题,ABAQUS 在该类型单元中引入了沙漏刚度,以限制沙漏模式的扩展。对于钢筋与预应力筋部分,采用 T3D2(2 节点三维桁架单元)模拟钢筋的轴向应力/应变状态。

4.1.3 材料本构模型

材料本构模型的正确与否决定了有限元分析结果的准确性、可信性,尤其对于混凝土结构的非线性分析,材料本构模型的不同描述,甚至会使相同模型得到迥异的分析结果。因此,应合理选择材料的本构模型,使得有限元模型能真实反映实际结构的受力与变形状态,并得到正确、可用的分析结果。

1)混凝土

混凝土是土木工程结构中应用极为广泛的材料,其本质的特点是材料组成的不均匀性,并且存在初始微裂缝。从混凝土单轴受压下应力-应变关系来看,混凝土卸载时有残余变形,不符合弹性关系,如果对其应用弹塑性本构关系,又较难精确定义屈服条件。另外,混凝土在达到应力峰值后,其应力-应变关系曲线出现下降段,存在应变软化现象。以上各方面因素均给混凝土本构模型的建立带来了困难。众多学者为此进行了大量的试验和理论研究,提出了多种混凝土本构模型,大致可分为线弹性类本构模型、塑性理论类本构模型、其他力学理论类本构模型及非线弹性类本构模型等几种[68]。

ABAQUS 提供了三种基本的混凝土材料本构模型,即脆性开裂模型(Brittle Cracking Model)、弥散开裂模型(Smeared Cracking Model)以及损伤塑性模型(Damaged Plasticity Model)[67]。三种模型均属于其他力学理论类本构模型,其中,脆性开裂模型仅考虑混凝土的受拉非线性行为,适用于素混凝土或少筋混凝土结构构件中混凝土材料本构关系的模拟,而对于正常配筋的混凝土结构和组合结构中混凝土材料的模拟则并不适用；弥散开裂模型主要适用于分析低围压下，承受单调加载的各类型钢筋混凝土结构，也可用于素混凝土的分析；损伤塑性模型则适用于模拟结构构件在往复荷载作用下混凝土材料的本构关系，同时能够考虑材料在往复荷载作用下的损伤、裂缝开展、裂缝闭合及刚度恢复等行为。因此，根据本次模型试验分析的特点，本书选取损伤塑性模型进行分析。

ABAQUS 提供的损伤塑性模型是依据 Linbliner 等提出的损伤塑性模型确定的，其将损伤指标引入混凝土本构模型，对混凝土的弹性刚度矩阵进行折减，从而模拟混凝土卸载刚度因损伤增加而降低的特点，尤其适用于混凝土非线性分析[69]。

根据图 4-1 给出的考虑损伤因子的混凝土单轴受拉/压应力-应变曲线，对混凝土的应力、应变及损伤因子的数学描述见式 4.1～式 4.3。

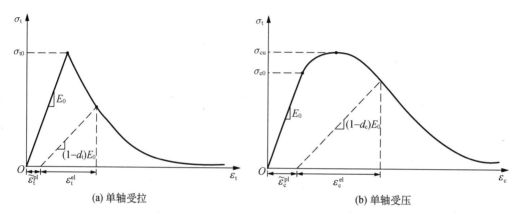

(a) 单轴受拉   (b) 单轴受压

图 4-1　考虑损伤因子的混凝土单轴受拉/压应力-应变曲线[67]

$$\sigma = (1-d)\bar{\sigma} \tag{4.1}$$

$$\bar{\sigma} = D_0^{el}(\varepsilon - \tilde{\varepsilon}^{pl}) \tag{4.2}$$

$$\sigma = (1-d)D_0^{el}(\varepsilon - \tilde{\varepsilon}^{pl}) \tag{4.3}$$

式中　d——损伤因子，其值在 0（无损）到 1（完全失效）之间变化，d_t、d_c 则分别表示混凝土在受拉和受压时损伤引起的刚度退化；

　　　$\bar{\sigma}$——有效应力；

　　　D_0^{el}——材料的初始（无损）刚度，也可写为 E_0；

　　　$\tilde{\varepsilon}^{pl}$——塑性应变。

损伤塑性模型中损伤因子的取值是一个关键问题，且从式 4.1～式 4.3 可以看出，损伤因子量值的计算与所采用的混凝土弹塑性应力-应变曲线密切相关。对于损伤因子的计算，文献[70]、[71]分别给出了按照 Sidiroff 能量等价原理或由应力-应变关系反算的方法。本书选用《混凝土结构设计规范》(GB 50010—2010)[55]附录 C.2.3～C.2.4 建议的本构曲线，并参照文献[72]的方法，根据式 4.4～式 4.9 计算混凝土本构模型损伤因子,由于混凝土受拉、受压性能差别较大,因此,将受拉、受压条件下的损伤因子分别进行计算。

$$d_c = 1 - \frac{\sigma_c E_0^{-1}}{\tilde{\varepsilon}_c^{pl}(1/b_c - 1) + \sigma_c E_0^{-1}} \tag{4.4}$$

$$b_c = \tilde{\varepsilon}_c^{pl}/\varepsilon_c^{in} \tag{4.5}$$

$$\varepsilon_c^{in} = \varepsilon_c - \sigma_c/E_0 \tag{4.6}$$

$$d_t = 1 - \frac{\sigma_t E_0^{-1}}{\tilde{\varepsilon}_t^{pl}(1/b_t - 1) + \sigma_t E_0^{-1}} \tag{4.7}$$

$$b_t = \tilde{\varepsilon}_t^{pl}/\varepsilon_t^{in} \tag{4.8}$$

$$\varepsilon_t^{in} = \varepsilon_t - \sigma_t/E_0 \tag{4.9}$$

式中　ε_c^{in}、ε_t^{in}——不考虑损伤时卸载残余应变或塑性应变;

　　　b_c、b_t——均来自试验,由循环荷载卸载再加载应力路径标定,按文献[72]建议,分别取 0.7、0.1。

　　另外,ABAQUS 中必须用真实应力和真实应变定义塑性,然而,大多数实验数据常常是用名义应力和名义应变值给出的。因此,必须将塑性材料的名义应力(变)转化为真实应力(变),具体过程见式 4.10、式 4.11。

$$\sigma = \sigma_{nom}(1 + \varepsilon_{nom}) \tag{4.10}$$

$$\varepsilon = \ln(1 + \varepsilon_{nom}) \tag{4.11}$$

式中　ε_{nom}——混凝土名义应变,即混凝土实测或理论应力-应变曲线的应变;

　　　σ_{nom}——混凝土名义应力,即混凝土实测或理论应力-应变曲线的应力。

　　由此,根据表 3-2 给出的混凝土材料特性值,通过式 4.1～式 4.11 的计算,可得到 ABAQUS 中混凝土塑性损伤本构模型中的重要曲线,即受拉、受压状态下的非弹性应力-应变曲线与损伤因子-非弹性应变曲线,相关曲线详见图 4-2。

　　对于单轴循环荷载(拉伸-压缩-拉伸)作用下,ABAQUS 塑性损伤本构模型中引入了权重因子(受拉 w_t、受压 w_c,见图 4-3),其与材料特性有关,用来描述在反向荷载作用下刚度的恢复程度,取值在 0～1 之间,即 w_t 代表材料由受压变为受拉时刚度恢复程度,$w_t = 1$ 代表刚度完全恢复,$w_t = 0$ 代表刚度没有恢复,$0 < w_t < 1$ 代表刚度部分恢复,w_c 具有同样含义。

　　另外,ABAQUS 中混凝土塑性损伤本构模型尚需定义系列塑性参数,以确定材料屈服准则与流动法则。塑性损伤本构模型采用了 Linbliner 屈服面和双曲线 DP 流动势能面。通过膨胀角(Dilation Angle)和塑性势方程的流动偏角(Eccentricity)定义双曲线 DP 流动势能面在子午面上的形状,其中,膨胀角的取值对混凝土的行为影响较大,应谨慎取

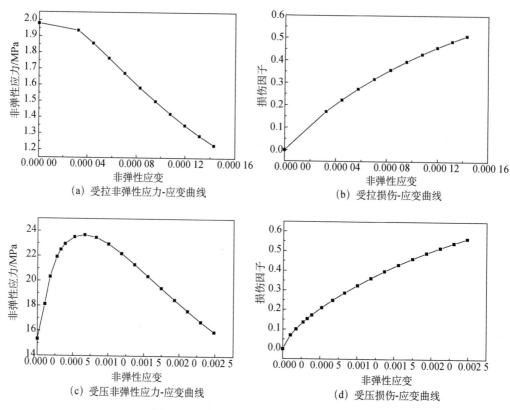

(a) 受拉非弹性应力-应变曲线

(b) 受拉损伤-应变曲线

(c) 受压非弹性应力-应变曲线

(d) 受压损伤-应变曲线

图 4-2   ABAQUS 中混凝土本构模型曲线

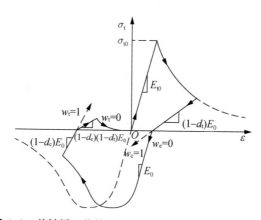

图 4-3   单轴循环荷载作用下 ABAQUS 本构模型曲线[67]

值,而流动偏角一般可取默认值 0.1;通过参数等效二轴压应力与单轴压应力的比值
(f_{b0}/f_{c0})和拉子午线与压子午线上的第二应力不变量的比值(K_c)来定义屈服面在偏
平面和平面应力平面上的形状,两者的默认值分别为 1.16 和 2/3;通过 λ 确定粘性系数,
一般取默认值 0.000 5[71]。通过多次试算,在兼顾求解收敛性与结果一致性的前提下,本
书模型相关参数取值见表 4-1。

表 4-1   ABAQUS 本构模型塑性参数

参数	剪胀角	偏心率	f_{b0}/f_{c0}	K_c	λ
取值	55	0.1	1.16	0.666 7	0.000 5

2）钢筋

钢筋材料一般采用简单的双线性弹塑性模型来模拟,同时,屈服后可用恒定斜率考虑应变强化。本书根据钢筋材性试验实测曲线进行双线性简化,并按式(4.10)、式(4.11)进行真实应力(应变)转换,最终得到的钢筋材料(包括普通钢筋与预应力筋)的本构模型曲线见图 4-4。

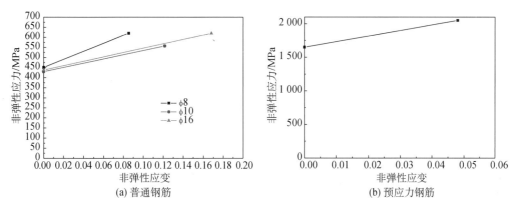

图 4-4   ABAQUS 中钢筋本构模型曲线

4.1.4   相关界面模拟

1）普通钢筋与混凝土界面

对于钢筋与混凝土之间的不同处理方式,一般钢筋混凝土有限元模型可分为分布式模型、分离式模型和嵌入式模型(又称组合式模型)。分布式模型将钢筋弥散于混凝土单元中,钢筋对结构的贡献通过调整单元材料性能来考虑。分离式模型通过离散钢筋和混凝土单元,并在交界面加入联结单元来模拟粘结滑移关系。分离式模型能够直观反映钢筋与混凝土的相互作用,更近似地获得裂缝分布,但需要单独的钢筋和混凝土位移自由度,因此网格复杂,计算量大,当钢筋混凝土结构较为复杂时,采用分离式模型的计算效率低。嵌入式模型基于无滑移假定,单元刚度由钢筋和混凝土的刚度组分叠加得到,忽略了交界面力学作用对结构刚度的影响。嵌入式模型分为两种:一种为分层组合式,另一种为钢筋混凝土复合单元。

针对试验模型的有限元分析,采用嵌入式分析模型,钢筋与混凝土分离建模,将钢筋单元嵌入混凝土单元中。为保证计算精度与计算效率,未考虑钢筋与混凝土之间的粘结滑移效应。在 ABAQUS 中,通过将钢筋单元与混凝土单元之间建立 Embedded 约束关系,即将钢筋单元 Embedded 到混凝土单元中进行模拟。对于钢筋无粘结段,则与有粘结段形成独立单元,与混凝土未建立任何约束关系,以模拟其与混凝土无粘结效果。

2)无粘结预应力筋与混凝土界面

考虑到无粘结预应力筋与模型混凝土之间无粘结,模型中无粘结预应力筋与混凝土之间不做任何连接处理,但通过耦合方程约束无粘结预应力筋单元节点与附近混凝土单元节点间 X、Y 向保持固定,而仅发生 Z 向变形,即允许预应力筋轴向伸长或缩短,而不能偏离预应力筋管道。对于预应力筋的两端锚固点,则由预应力筋端部节点与加载梁顶面、底座底面孔道节点间通过耦合方程(Coupling)进行连接。

3)水平拼缝界面

通过前文试验可以发现,浆锚钢筋未发生粘结锚固破坏,因此,可以认为 EHSW 拼缝界面的存在是造成 EHSW 试件与试件 XJ 在抗震性能方面存在差异的重要原因。在有限元模型中,必须对其进行正确模拟,以真实反映模型拼缝力学性能,从而确保整体模型的可靠性。

在 ABAQUS 中,对拼缝界面的模拟采用接触方式进行处理,并在 ABAQUS/Standard 中完成定义。接触模拟或者是基于表面(Surface)或者是基于接触单元(Contact Element),本书采用基于表面的面-面接触模拟方式,免去额外接触单元的引入,在保证计算精度的前提下,降低计算消耗。接触面之间的相互作用包括两部分:一部分是接触面间的法向作用,法向作用包括接触面的接触与分开和存在的法向正应力;另一部分是接触面间的切向作用,切向作用又包括接触面之间的相对运动(滑动)和可能存在的摩擦剪应力。每一种接触相互作用都可以代表一种接触特性,它定义了在接触面之间相互作用的模型。本书 ABAQUS 模型中,对于接触面的法向行为,采用默认的硬接触(Hard Contact),即间隙等于 0(接触表面刚开始接触)时,施加接触约束,而当接触表面之间的接触压力变为零或负值时,两个接触面相互分离,所施加约束即被撤除。对于接触面的切向行为,采用经典的库伦摩擦模型进行模拟,摩擦系数按粗糙混凝土表面之间的摩擦系数 0.6 取值,同时,限定了最大摩擦剪应力为混凝土材料的抗拉强度(2.5 MPa)[64]。

4)波纹管、灌浆料与混凝土界面

鉴于试验过程中未发生波纹管、灌浆料与混凝土之间界面的失效现象,同时,考虑到较高强度灌浆料的存在,会提高受压混凝土的强度,且波纹管的存在会进一步约束稍显脆性的灌浆料,改善其延性,同时,为了建模的便利性,在有限元模型中未直接建立波纹管与灌浆料的模型,而统一采用混凝土材料单元代替。

4.1.5　单元划分

单元网格划分的大小与形状对计算精度与计算效率有直接的影响。网格尺寸越小,计算精度越高,但计算成本越高,反之亦然;网格形状对计算精度尤其重要,形状质量高的网格,不但求解精度高,且计算快速。

对于网格尺寸的大小,结合混凝土模型分析特点,将其网格尺寸控制为 50 mm。需要说明的是,由于对底座部位的应力/应变不十分关注,因此,底座部位单元尺寸适当加大,并根据计算结果的收敛性进行调整。

对于网格形状,混凝土部分包括混凝土底座、墙体及加载梁,均采用六面体单元;而钢筋部分包括普通钢筋与预应力筋,均采用线单元。

对于网格划分技术,为适应确定的网格尺寸与形状,通过几何模型的分割、合并等拓扑操作,均采用 ABAQUS 自带的结构化网格划分技术。

4.1.6　边界条件与加载

边界条件的模拟对整体有限元模型计算结果的正确性有直接的影响,因此,应根据试验模型的真实边界条件,对有限元模型施加正确的约束。本书试验模型均是通过预张拉的精轧螺纹钢锚固在试验室地面上,模拟剪力墙体底部固支的约束条件,因此,本书有限元模型中将底座底面完全固定,以逼近真实的试验边界条件。

对于加载方式,对于轴压,采用加载梁顶部施加面荷载的方式模拟;试验采用的低周反荷载加载,在有限元模型中,考虑到计算收敛性及计算成本的要求,且既有相关分析认为单调水平荷载作用下的荷载-位移曲线与低周反复荷载作用下滞回曲线的包络线有良好的一致性,因此,采用施加单调水平荷载的方式来分析模型的抗侧性能。同时,为模拟真实加载工装条件,模型中将水平荷载施加在参考点上,参考点位于加载梁形心,并通过耦合(Coupling)约束条件与加载梁端面连接,以避免应力集中对加载及计算结果的影响。另外,加载仍然采用位移控制加载,极限位移与试验终止位移相同,设置为93 mm。

4.1.7　有限元模型

通过上述过程,可分别建立与试验模型所对应的有限元模型。其中,鉴于试验中未发生加载梁与底座破坏的现象,同时为节约计算成本,对于除剪力墙体之外的混凝土材料本构模型均采用线弹性本构模型。另外,为建模方便,无粘结预应力筋采用单独的线实体进行模拟,其根数的变化通过线实体的截面面积的变化来模拟。

试件 XJ 与 EHSW 试件的有限元模型见图 4-5。

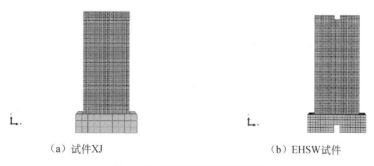

（a）试件XJ　　　　　　　　　　　（b）EHSW试件

图 4-5　ABAQUS 有限元模型

4.2 有限元模型验证

为保证有限元模型的准确性以及对试验结果的再现性,将有限元分析结果与试验有关结果进行对比,包括荷载-位移曲线、预应力筋应力与模型破坏形态三方面。

4.2.1 荷载-位移曲线对比

由于有限元模型仅施加了单调水平荷载,因此,仅能得到单方向单调荷载-位移曲线,将分析结果曲线与试验实测滞回曲线进行对比,以查看计算荷载-位移曲线是否能形成对实测滞回曲线的良好包络性。

各试验模型实测滞回曲线与有限元分析单调荷载-位移曲线示于图 4-6 中。从图中可以看出,有限元分析所得单调荷载-位移曲线可较好地包络试验实测滞回曲线,尤其是在位移加载阶段,分析结果与试验滞回曲线外周具有良好的吻合性。同时,有限元分析对模型峰值荷载的预测与实测结果较为接近,最大误差控制在 7% 以内。

同时可以发现,有限元分析结果在弹性阶段表现出更高的刚度,造成分析曲线与实测曲线有较为明显的偏离。分析认为,该现象主要由实际试验中固然存在但 ABAQUS 不能考虑的试件与地面、加载设备之间的细微间隙的影响导致。随着加载等级的提高,试件自身变形逐渐增大,此间隙影响则逐渐减弱,从而使得位移加载阶段分析曲线与试验曲线表现出良好的逼近效果[64]。

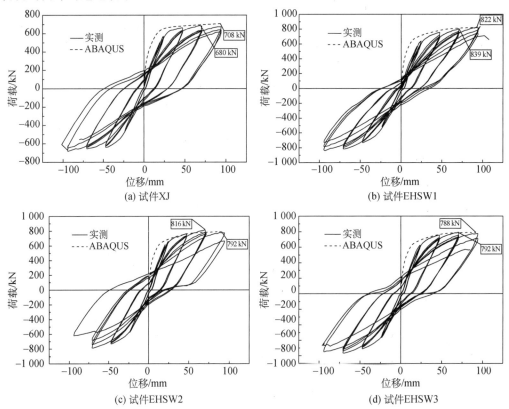

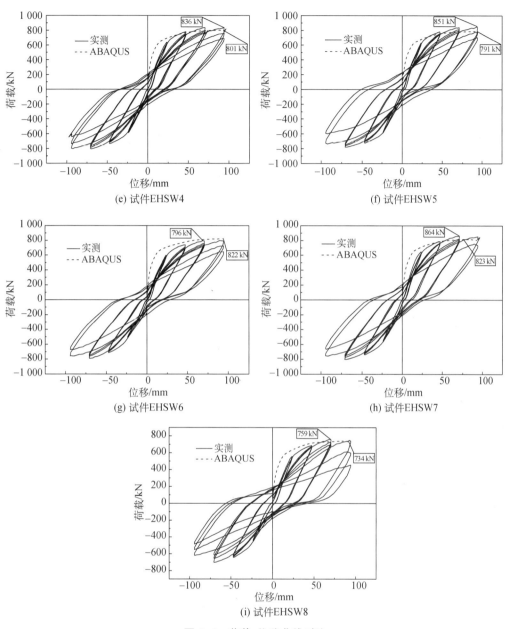

图 4-6　荷载-位移曲线对比

4.2.2　预应力筋应力对比

与试件 XJ 相比，EHSW 试件预应力筋的受力状态对其模型整体抗侧性能的影响尤为重要。因此，对预应力筋应力状态模拟程度的好坏将直接决定有限元模型的正确与否。表 4-2 给出了预应力筋在加轴压后应力以及峰值应力的计算值与实测值的对比情况，从表中可以看出，计算值与实测值基本接近，最大误差绝对值控制在 5％以内。

表4-2 预应力筋应力对比

试件	初始预应力/MPa	轴压后应力/MPa			峰值应力/MPa		
		实测值	计算值	误差[1]	实测值	计算值	误差[1]
EHSW1	880.3	864.2	866.4	0.25%	1 158.9	1 149.5	−0.81%
EHSW2	758.5	741.8	746.3	0.61%	1 082.1	1 038.5	−4.03%
EHSW3	1 266.1	1 248.2	1 253.5	0.42%	1 416.1	1 444.9	2.03%
EHSW4	676.8	658.9	664.9	0.91%	948.2	933.3	−1.57%
EHSW5	530.3	514.2	518.6	0.86%	808.9	812.3	0.42%
EHSW6	827.6	811.5	813.7	0.27%	1 127.6	1 085.2	−3.76%
EHSW7	893.7	877.6	879.8	0.25%	1 177.6	1 149.8	−2.36%
EHSW8	885.2	877.1	875.6	−0.17%	1 167.4	1 199.0	2.71%

注:1. 误差＝(计算值−实测值)/实测值×100%。

4.2.3 模型破坏形态对比

通过试验可以发现,试件 XJ 与 EHSW 试件最终破坏形态基本相同,均为剪力墙根部弯剪破坏,混凝土塑性破坏集中于剪力墙端部,且限制在距离拼缝或底座顶面一定高度范围内。对于单调水平荷载加载的有限元模型,则相应的混凝土塑性应变集中出现在墙肢受压侧、靠近墙根部附近范围内。从图 4-7 可以看出,与试验结果一致,有限元分析结果同样给出相当的模型破坏形态。

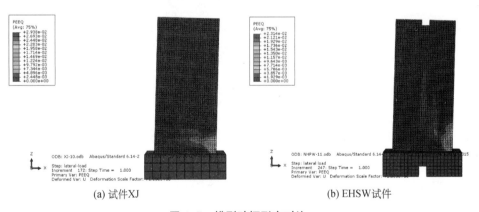

(a) 试件XJ   (b) EHSW试件

图 4-7 模型破坏形态对比

4.3 有限元参数分析

通过有限元分析结果与试验结果的相互验证,证明了有限元模型对试验的再现性,并确保了有限元分析结果的准确性。在此基础上,基于通过验证的有限元模型,保持模型基本模拟方案不变,进一步开展相关参数分析,参数类型仍然包括无粘结预应力筋预拉力、无粘结预应力筋面积、浆锚钢筋无粘结长度及轴压比等四种,参数取值考虑试验未考虑到或实际试件试验不能实现的量值,通过比较各参数变化模型的单调荷载-位移曲线,进一步掌握各关键参数对 EHSW 试件承载力、刚度等抗侧性能的影响规律。

4.3.1　无粘结预应力筋预拉力参数分析

对于无粘结预应力筋的预拉力参数,通过试验模型组 EHSW5、EHSW4、EHSW1 分别考虑了 530.3 MPa(0.29 f_{ptk})、676.8 MPa(0.36 f_{ptk})与 880.3 MPa(0.47 f_{ptk})三种初始预应力情况。为进一步探讨该参数对 EHSW 试件抗侧性能的影响规律,补充计算系列不同初始预应力模型,各模型具体信息详见表 4-3。各参数变化模型分析结果的对比见图 4-8。

表 4-3　无粘结预应力筋预拉力参数分析模型

模型	初始预应力/MPa	预应力筋根数	预应力筋面积/mm²	预拉力/kN	备注
P-1	0	4	560	0	—
P-2	279(0.15 f_{ptk})	4	560	156.2	—
P-3	530.3(0.29 f_{ptk})	4	560	297.0	试验模型 EHSW5
P-4	676.8(0.36 f_{ptk})	4	560	379.0	试验模型 EHSW4
P-5	880.3(0.47 f_{ptk})	4	560	493.0	试验模型 EHSW1
P-6	1116(0.60 f_{ptk})	4	560	625.0	—
P-7	1395(0.75 f_{ptk})	4	560	781.2	—

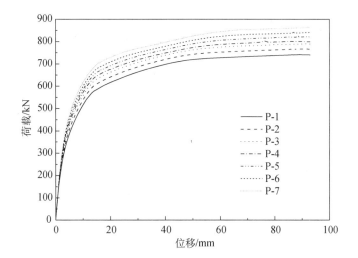

图 4-8　无粘结预应力筋预拉力参数分析结果

从图 4-8 中可以看出,无粘结预应力筋预拉力的大小对模型单调荷载-位移曲线有比较明显的影响,表现为随着预应力筋预拉力的提高,曲线向上偏移,模型刚度、承载力均得到明显提高,而此现象在模型试验中未能充分体现,尤其是对强度的影响。分析认为,试验中涉及的预拉力变化幅度较小,由于试验存在误差,导致其试验结果区分度不高,未能充分体现无粘结预应力筋预拉力对模型强度的影响。有限元分析结果表明,提高预应力筋预拉力是提高 EHSW 模型刚度及承载力的有效手段。

4.3.2 无粘结预应力筋面积参数分析

试验中考虑了 2、3、4 根无粘结预应力筋三种面积变化,对于试验模型来讲,考虑参数变化情况已基本足够(面积越大,要求的孔道直径越大,模型墙体厚度要求越高,有可能墙体尺寸不够;面积越小,相同预拉力前提下,预应力筋初始预应力越大,有可能超出预应力筋名义屈服强度),但通过试验可以发现,由于预应力筋预应力施加时的工艺误差及设备误差,预先设想的预应力筋面积变化、预拉力保持不变的情况未能精确实现(表 3-17)。因此,前文通过试验成果总结的无粘结预应力筋面积对模型抗震性能的影响规律势必受到预拉力不同的影响。而有限元模型中通过初始应力场的设定,可以很好地实现预拉力一致,从而可更直观、可靠地探讨该参数对模型性能的影响规律。

将考虑不同预应力筋面积的各有限元模型列于表 4-4,各参数变化模型分析结果的对比见图 4-9。

表 4-4 无粘结预应力筋面积参数分析模型

模型	预应力筋根数	预应力筋面积/mm²	初始预应力/MPa	预拉力/kN
A-1	2	280	1 116	312.5
A-2	3	420	744	312.5
A-3	4	560	558	312.5

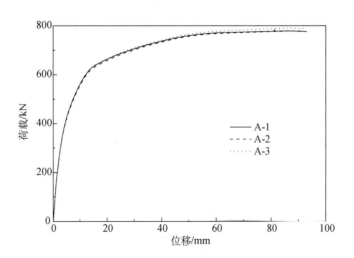

图 4-9 无粘结预应力筋面积参数分析结果

从图 4-9 中可以发现,与试验结果所表现的规律一致,在保持无粘结预应力筋预拉力不变的前提下,预应力筋面积变化对单调荷载-位移曲线的影响不明显,加载初期曲线基本重合,直至加载后期曲线相互之间才有所分离,基本随着预应力筋面积的增大,承载力得到一定提高,但仍不明显。分析认为,虽然无粘结预应力筋面积的增大可提高模型配筋率,但由于预应力筋位于模型中部,抗弯力臂较小,对模型抗弯承载力贡献相对较小,因此,预应力筋面积增大虽可使模型后期承载力和刚度有所提高,但幅度较小。

4.3.3 浆锚钢筋无粘结长度参数分析

试验中考虑 150 mm、200 mm、250 mm 三种浆锚钢筋无粘结长度变化情况,为进一步了解更大取值范围的无粘结长度对模型抗侧性能的影响,此处增加 0 mm(即浆锚钢筋全部有粘结)与 500 mm 两种情况,按无粘结长度递增,有限元模型编号依次为 U-1~U-5。各参数变化模型分析结果的对比见图 4-10。

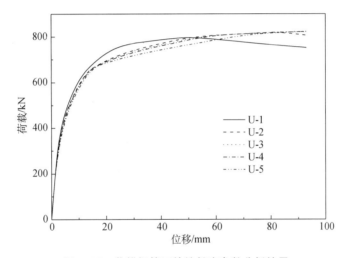

图 4-10　浆锚钢筋无粘结长度参数分析结果

从图 4-10 中可以发现,浆锚钢筋无粘结长度对模型强度与刚度的影响未反映出明显的规律性,但仍可看出,无粘结长度增大将使曲线拐点逐渐向位移轴正向偏移,使模型屈服有所滞后,导致屈服荷载有所增大,但对峰值荷载则未体现出与试验相同的规律性。分析认为,由于有限元模型的限制,不能充分考虑受压侧混凝土的剥落、压碎情况以及钢筋与混凝土间的粘结滑移,导致受拉侧无粘结浆锚钢筋的应力状态模拟结果相对不够精确,从而在一定程度上影响了模型强度的变化规律,尤其是大变形条件下,钢筋塑性发展较为充分的情况下,误差将更大。

4.3.4 轴压比参数分析

由于试验装置及实验室条件的限制,模型试验中轴压比不可能太高。经过轴压比换算后,本书试验所能考虑的设计轴压比为 0.12 和 0.24,这对于一般结构中剪力墙构件来讲,所考虑的轴压比情况仍然较少。因此,此处增加轴压比参数变化的模型,模型轴压比信息见表 4-5。各参数变化模型分析结果的对比见图 4-11。

表 4-5 轴压比参数分析模型

模型	试验轴压比	设计轴压比	轴压力/kN	备注
AL-1	0	0	0	—
AL-2	0.055	0.12	473.15	试验模型 EHSW8
AL-3	0.110	0.24	946.30	试验模型 EHSW1
AL-4	0.200	0.44	1 720.50	—
AL-5	0.300	0.65	2 580.80	设计轴压比超出轴压比限值 0.5

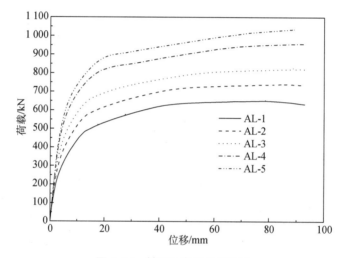

图 4-11 轴压比参数分析结果

从图 4-11 中可以看出,与无粘结预应力筋初始预应力参数相似,轴压比的增大将明显提高 EHSW 模型的刚度与承载力,但从曲线拐点也可明显看出,轴压比的增大将导致曲线弯折滞后,即模型屈服将明显延缓,这对模型的延性及耗能可能不利,该结论与试验结果具有良好的吻合性。

针对本次试验涉及的剪力墙尺寸及配筋,建议 EHSW 的设计参数取值为:预应力筋根数取 3 根;预拉力宜为 416.6 kN;浆锚钢筋无粘结长度宜为 150 mm[64]。

第5章

装配式混合连接剪力墙设计方法

为促进 EHSW 的推广应用,有必要探讨其适用的承载力与刚度设计方法。我国相关规范均给出了剪力墙正截面承载力、斜截面承载力与抗弯刚度计算方法,其所采用的基本理论,如平截面假定等,虽然对于基于"等同现浇"理念的 EHSW 也是适用的,但是不能忽视的是,从试验结果也可以发现,由于 EHSW 区别于现浇混凝土剪力墙的特殊构造,其承载力与刚度与现浇混凝土剪力墙仍然有所差别,直接应用既有理论公式将带来一定的误差,有可能低估构件承载力,造成材料浪费。因此,基于既有剪力墙相关设计方法,从 EHSW 力学特点出发,结合试验结果和有限元参数分析的规律性结论,建立 EHSW 适用的承载力与刚度设计方法,为工程实践提供直接指导。

5.1 EHSW 开裂荷载计算

由试验结果可知,EHSW 试件在混凝土未开裂之前,其荷载-位移曲线基本呈线性状态,可近似认为试件处于弹性工作状态。同时,由于混凝土不连续的影响,EHSW 试件初始开裂一般发生在坐浆层顶面。在此截面上,混凝土自身抗拉强度对构件抗裂性能的贡献被坐浆层灌浆料与混凝土界面间的粘结力所取代,该粘结力一般小于混凝土材料的抗拉强度。

《混凝土结构设计规范》(GB 50010—2010)[55]第 7.2.3 条给出了现浇混凝土抗裂弯矩的计算方法,此处计算仍然沿用该方法。其中,由于不能具体确定拼缝界面灌浆料与混凝土之间的粘结力,仍然采用混凝土抗拉强度实测推算值进行计算。

EHSW 试件水平开裂荷载的理论计算方法见式 5.1~式 5.3。

$$\sigma = \frac{N + P}{A_{\mathrm{w}}} \tag{5.1}$$

$$M_{\mathrm{cr}} = \frac{1}{6}bh^2 \cdot (\sigma + \gamma f_{\mathrm{t}}) \tag{5.2}$$

$$F_{\mathrm{cr}} = M_{\mathrm{cr}}/H \tag{5.3}$$

式中　N——竖向力,包括两部分,一部分为模型除底座之外其他部分的自重,取理论值 32.9 kN;另一部分为外加轴压力,按轴压比不同,可取为 946.3 kN、473.15 kN;

P ——施加竖向荷载后的预应力筋内力,按表 4-2 轴压后预应力筋实测应力值换算;

A_w ——模型墙体截面面积,计算得 340 000 mm²;

b ——模型墙体截面宽度,取 200 mm;

h ——模型墙体截面高度,取 1 700 mm;

γ ——构件截面抵抗矩塑性影响系数,按《混凝土结构设计规范》(GB 50010—2010)[55]第 7.2.4 条计算得 1.20;

f_t ——混凝土抗拉强度的实测推算值,按表 3-2 取 2.5 MPa;

M_{cr} ——模型墙体截面开裂弯矩值;

H ——水平荷载加载点至水平拼缝截面的竖向距离,取 3 460 mm。

按式 5.1 计算得到的各 EHSW 试件的开裂荷载理论值与实测值对比见表 5-1。

表 5-1 EHSW 试件开裂荷载理论值与实测值对比

试件	理论值/kN	实测值/kN	误差[1]	备注
EHSW1	203	300	−32%	EHSW 基准模型
EHSW2	189	250	−24%	预拉力不变,预应力筋根数变化
EHSW3	192	250	−23%	
EHSW4	194	275	−29%	预应力筋根数不变,预应力变化
EHSW5	187	250	−25%	
EHSW6	201	300	−33%	浆锚钢筋无粘结长度变化
EHSW7	204	300	−32%	
EHSW8	165	225	−27%	轴压比变化

注:1. 误差=(理论值−实测值)/实测值×100%。

通过观察表 5-1 对比结果可以发现,理论值与实测值之间存在较大的差异,但理论值均小于实测值,说明采用规范所给公式且界面粘结力按混凝土抗拉强度取值仍然具有足够的安全度。

根据试验结果及有限元参数分析结论,预应力筋的预拉力及轴压比是影响 EHSW 试件开裂荷载的敏感参数。在理论计算方法即式(5.1)~式(5.3)的基础上,为得到一个适用的,并能与试验实测值基本吻合的 EHSW 试件开裂荷载计算方法,有必要对其进行修正。修正过程中,将预应力筋预拉力参数置换为综合配筋特征值 ξ_p[72],其计算见式 5.4,各模型综合配筋特征值 ξ_p 的计算结果见表 5-2。

$$\xi_p = \frac{\sigma_{pe}A_p + f_y A_s}{f_c b h_p} \tag{5.4}$$

式中 σ_{pe} ——预应力筋有效预应力,按表 4-2 初始预应力项取值;

A_p ——预应力筋面积,按预应力筋根数计算;

f_y——受拉普通钢筋屈服强度,按表 3-3 取值;

A_s——受拉普通钢筋面积,对于剪力墙,为计算简便,这里近似取剪力墙截面配筋的一半计算;

f_c——混凝土抗压强度,按表 3-2 轴心抗压强度项取值;

b——模型墙体截面宽度,取 200 mm;

h_p——预应力筋合力作用点至截面受压边缘的距离,取 850 mm。

表 5-2 EHSW 试件综合配筋特征值

试件	EHSW1	EHSW2	EHSW3	EHSW4	EHSW5	EHSW6	EHSW7	EHSW8
ξ_p	0.33	0.29	0.30	0.30	0.28	0.32	0.33	0.33

各模型的轴压比 λ 按试验轴压比取值,具体查表 3-1。

根据模型综合配筋特征值与轴压比计算结果,以综合配筋特征值 ξ_p 和轴压比 λ 为参数,采用多元线性拟合方法将理论值向试验值进行拟合,拟合后开裂荷载计算公式见式 5.5。

$$F'_{cr} = (0.078 + 3.512\xi_p + 1.016\lambda)F_{cr} \tag{5.5}$$

按式 5.5 重新计算各模型的开裂荷载,其与试验值的比较情况见表 5-3。从表中可以看出,经修正后计算精度得到明显提高,误差控制在 $-3\%\sim+5\%$ 以内,与实测值具有很好的吻合度。

表 5-3 EHSW 试件开裂荷载修正值

试件	修正值/kN	实测值/kN	误差[1]
EHSW1	301	300	0.33%
EHSW2	252	250	0.80%
EHSW3	262	250	4.80%
EHSW4	268	275	−2.55%
EHSW5	245	250	−2.00%
EHSW6	293	300	−2.33%
EHSW7	304	300	1.33%
EHSW8	225	225	0

注:1. 误差=(修正值−实测值)/实测值×100%。

5.2 EHSW 屈服荷载计算

EHSW 试件破坏形态均属于弯剪破坏,而墙肢根部截面为受力最不利截面,因此,其构件屈服荷载可按照墙根部截面受弯、受剪承载力进行确定。

5.2.1　EHSW 受弯屈服荷载

1）预应力筋应力计算方法

对于 EHSW 受弯屈服荷载的计算，普通钢筋可取其屈服强度实测值，而无粘结预应力筋在该阶段的实际应力需通过计算确定。

对于无粘结预应力筋极限应力或应力增量的计算，目前仅局限于梁、板形式的构件中，并形成了多种计算方法，这些方法按照其计算原理又可分为粘结折减系数法、根据截面配筋指标建立的回归公式和基于变形或等效塑性铰长度的计算方法。其中，比较有代表性的计算方法包括 ACI 318 规范建议公式[73]、杜拱辰和陶学康公式[74]和《无粘结预应力混凝土结构技术规程》(JGJ 92—2004)[54]建议公式。

（1）ACI 318 规范建议公式

ACI 318-11 第 18.7.2 条给出了无粘结预应力筋极限应力 f_{ps} 的计算方法，其计算公式见式 5.6，该式将原公式进行了单位换算，针对本次试件情况，考虑跨高比不大于 35 的情况。

$$f_{ps} = f_{se} + 70 + \frac{f'_c}{100\rho_p} \tag{5.6}$$

式中　f_{se}——预应力筋有效预应力；

　　　f'_c——混凝土抗压强度；

　　　ρ_p——预应力筋配筋率，按 A_p/bd_p 计算，A_p 为预应力筋面积，b 为梁截面受压翼缘宽度，d_p 为预应力筋重心至截面受压边缘的距离。

（2）杜拱辰和陶学康公式

杜拱辰和陶学康引入综合配筋指标 ξ_p，根据试验实测数据建立了 ξ_p 与无粘结预应力筋极限应力之间的线性关系表达式，见式 5.7，其中 ξ_p 的计算同式 5.4。

$$f_{ps} = f_{pe} + (786 - 1\,920\xi_p)\text{MPa} \tag{5.7}$$

（3）《无粘结预应力混凝土结构技术规程》(JGJ 92—2004)建议公式

JGJ 92—2004 第 5.1.11 条给出了采用无粘结预应力筋的受弯构件的无粘结预应力筋的应力设计值（极限应力值）f_{ps} 的计算方法，见式 5.8，在考虑综合配筋指标（即综合配筋特征值）的同时，引入了构件高跨比 $\dfrac{h}{l_0}$ 的影响。

$$f_{ps} = f_{pe} + (240 - 335\xi_p)\left(0.45 + 5.5\frac{h}{l_0}\right) \tag{5.8}$$

由于缺乏剪力墙构件中无粘结预应力筋的极限应力的计算方法，本书选取以上三种方法进行试算，并将计算值与试验值进行对比，以选取精度最好的方法作为 EHSW 无粘结预应力筋的极限应力计算方法。计算过程中，f_{pe} 按表 4-2 初始预应力项取值，f'_c 按表 3-2 轴心抗压强度项取值，ξ_p 按表 5-2 取值，$\dfrac{h}{l_0}$ 取 1 700/3 460＝0.49。按各方法计算的结果见表 5-4～表 5-6。

表 5-4　EHSW 试件无粘结预应力筋极限应力计算(ACI 318 方法)

试件	实测值/MPa	理论值/MPa	误差[1]
EHSW1	1 158.9	1 022.2	−11.80%
EHSW2	1 082.1	924.4	−14.57%
EHSW3	1 416.1	1 480.0	4.51%
EHSW4	948.2	818.7	−13.66%
EHSW5	808.9	672.2	−16.90%
EHSW6	1 127.6	969.5	−14.02%
EHSW7	1 177.6	1 035.6	−12.06%
EHSW8	1 167.4	1 027.1	−12.02%

注:1. 误差=(理论值−实测值)/实测值×100%。

表 5-5　EHSW 试件无粘结预应力筋极限应力计算(杜、陶方法)

试件	实测值/MPa	理论值/MPa	误差[1]
EHSW1	1 158.9	1 031.4	−11.00%
EHSW2	1 082.1	992.7	−8.26%
EHSW3	1 416.1	1 483.2	4.74%
EHSW4	948.2	882.2	−6.96%
EHSW5	808.9	774.8	−4.22%
EHSW6	1 127.6	992.8	−11.95%
EHSW7	1 177.6	1 041.2	−11.58%
EHSW8	1 167.4	1 035.0	−11.34%

注:1. 误差=(理论值−实测值)/实测值×100%。

表 5-6　EHSW 试件无粘结预应力筋极限应力计算(JGJ 92 方法)

试件	实测值/MPa	理论值/MPa	误差[1]
EHSW1	1 158.9	1 286.7	11.03%
EHSW2	1 082.1	1 210.5	11.87%
EHSW3	1 416.1	1 708.7	20.66%
EHSW4	948.2	1 113.0	17.38%
EHSW5	808.9	988.0	22.14%
EHSW6	1 127.6	1 241.7	10.12%
EHSW7	1 177.6	1 298.1	10.23%
EHSW8	1 167.4	1 290.9	10.58%

注:1. 误差=(理论值−实测值)/实测值×100%。

从表 5-4~表 5-6 中结果可以看出,JGJ 92 方法过高地估计了无粘结预应力筋极限应力,ACI 318 公式则普遍低估了无粘结预应力筋极限应力,相对来讲,杜、陶方法给出了较好的结果。因此,本书初步采用杜、陶方法计算无粘结预应力筋的极限应力,对于本阶段受弯承载力的计算则直接采用理论计算结果。

2) 屈服阶段受弯承载力计算

EHSW 试件是处于竖向恒定荷载与水平向单调荷载复合作用条件下,其正截面受弯承载力计算可采用偏心受压构件的计算方法。根据各试验试件破坏形态,可初步判定为各试件计算模式均可归属于大偏心受压构件,因此,初步假设为大偏心受压构件进行正截面受弯承载力计算,且在计算过程中对相对受压区高度进行复核,若不满足,再重新采用小偏心受压构件相关计算公式重新计算。

按照大偏心受压构件计算方法,同时考虑无粘结预应力筋对承载力的贡献,其基本计算过程见式 5.9~式 5.12。

$$N = \alpha_1 f_c bx + A'_s f_y - A_s f_y - (h_{w0} - 1.5x)\frac{A_{sw}}{h_{w0}} f_{yw} - A_p f_{ps} \tag{5.9}$$

$$N\left(e_0 - \frac{h_w}{2} + \frac{x}{2}\right) = A_s f_y\left(h_{w0} - \frac{x}{2}\right) + A'_s f_y\left(\frac{x}{2} - a\right) + A_p f_{ps}\left(h_p - \frac{x}{2}\right) +$$
$$(h_{w0} - 1.5x)\frac{A_{sw} f_{yw}}{h_{w0}}\left(\frac{h_{w0}}{2} + \frac{x}{4}\right) \tag{5.10}$$

$$h_{w0} = h_w - a_s \tag{5.11}$$

$$M_y = Ne_0 \tag{5.12}$$

式中　N ——模型所承受竖向荷载,与式 5.1 取值相同,按不同轴压比,分别取 979.2 kN、506.05 kN;

α_1 ——受压区混凝土矩形应力图应力与混凝土轴心抗压强度的比值,与混凝土强度等级相关,对于 EHSW 试件,混凝土强度等级为 C35,不超过 C50,该值取 1.0;

f_c ——混凝土轴心抗压强度,根据表 3-2 取值为 23.7 MPa;

x ——混凝土受压区高度;

A'_s ——墙肢受压侧边缘构件竖向钢筋面积,对于此次 EHSW 试件,取为 1 608 mm²;

A_s ——墙肢受拉侧边缘构件竖向钢筋面积,对于此次 EHSW 试件,取为 1 608 mm²;

f_y ——边缘构件受拉钢筋屈服强度,此处取钢筋实测屈服强度,并根据表 3-3 取值为 438 MPa;

h_w ——墙肢截面高度,取 1 700 mm;

a_s ——受拉侧边缘构件竖向钢筋重心至构件受拉侧边缘的距离,取 200 mm;

h_{w0} ——墙肢截面有效高度,计算得 1 500 mm;

A_{sw} ——墙肢中部竖向分布钢筋总面积,对于此次 EHSW 试件,取为 628 mm²;

f_{yw} ——竖向分布钢筋屈服强度,此处取钢筋实测屈服强度,并根据表 3-3 取值为 430 MPa;

A_p ——无粘结预应力筋面积,根据根数不同,可分别取为 560 mm²、420 mm²、280 mm²;

f_{ps} ——无粘结预应力筋极限应力值,根据表 5-5 取相应理论值;

h_p ——无粘结预应力筋重心至受压混凝土边缘的距离,取 850 mm;

e_0 ——竖向荷载的等效偏心距;

M_y ——与 N 对应的正截面受弯承载力。

在对称配筋情况下,由于 $A'_s = A_s$,式 5.9 可简化并进行推导,得到相对受压区高度 ξ 的计算公式,见式 5.13。

$$\xi = \frac{x}{h_{w0}} = \frac{N + A_{sw}f_{yw} + A_p f_{ps}}{\alpha_1 f_c b h_{w0} + 1.5 A_{sw} f_{yw}} \tag{5.13}$$

将式 5.10 展开,并代入式 5.12,可得到 M_y 的计算公式,见式 5.14。

$$M_y = N\left(\frac{h_w}{2} - \frac{x}{2}\right) + A_s f_y (h_{w0} - a) + A_p f_{ps}\left(h_p - \frac{x}{2}\right) +$$
$$(h_{w0} - 1.5x)\frac{A_{sw}f_{yw}}{h_{w0}}\left(\frac{h_{w0}}{2} + \frac{x}{4}\right) \tag{5.14}$$

根据计算得 M_y,可求得相对应的墙肢顶端水平荷载 F_y,见式 5.15。

$$F_y = M_y / H_w \tag{5.15}$$

式中　H_w ——水平荷载作用点至墙肢根部截面的高度,取 3 460 mm。

根据式 5.9～式 5.15 计算各 EHSW 试件的受弯屈服荷载,计算结果见表 5-7。

表 5-7　EHSW 试件受弯屈服荷载理论值

试件	ξ	x /mm	M_y / kN·m	F_y / kN
EHSW1	0.243	364.63	2 099	606.8
EHSW2	0.222	332.57	2 020	583.9
EHSW3	0.221	332.24	2 019	583.7
EHSW4	0.232	347.96	2 059	595.1
EHSW5	0.224	335.95	2 029	586.4
EHSW6	0.240	360.32	2 089	603.8
EHSW7	0.244	365.73	2 102	607.5
EHSW8	0.180	270.59	1 853	535.4

5.2.2　EHSW 受剪屈服荷载

对于 EHSW 试件,尚可能发生沿拼缝的整体滑移,对此种情况一般用摩擦抗剪机理进行描述,相应的理论计算公式见式5.16,其中,偏于安全地忽略了无粘结预应力筋应力增量的有利影响。

$$V_y = 0.6 f_y A_s + 0.8N \tag{5.16}$$

式中　V_y——水平拼缝整体滑移情况下受剪屈服荷载;

　　　　f_y——穿过水平拼缝普通钢筋屈服强度,按表4-3取实测屈服强度;

　　　　A_s——穿过水平拼缝普通钢筋面积。

根据式5.16计算各EHSW试件的受剪屈服荷载,计算结果见表5-8。

表5-8　EHSW试件受剪屈服荷载理论值

试件	EHSW1	EHSW2	EHSW3	EHSW4	EHSW5	EHSW6	EHSW7	EHSW8
V_y/ kN	1 790.5	1 790.5	1 790.5	1 790.5	1 790.5	1 790.5	1 790.5	1 412.0

5.2.3　EHSW屈服荷载确定

对比表5-7与表5-8的水平荷载理论值,可以发现按受剪屈服计算得到的水平荷载远高于按受弯屈服确定的水平荷载,说明EHSW试件由受弯屈服控制,这也与试验现象相符合。因此,应按照受弯屈服状态即表5-7进行EHSW屈服荷载的确定,并将计算结果与实测值进行比较,详见表5-9。其中,表中试验实测值与试验过程中以首根受拉钢筋屈服确定的屈服荷载不同,而是取图3-27确定的屈服位移对应的水平荷载,并以正向为准。

表5-9　EHSW试件屈服荷载理论值与实测值对比

试件	理论值/kN	实测值/kN	误差[1]	备注
EHSW1	606.8	673.3	−9.88%	EHSW基准模型
EHSW2	583.9	681.3	−14.30%	预拉力不变,预应力筋根数变化
EHSW3	583.7	646.3	−9.69%	
EHSW4	595.1	681.3	−12.65%	预应力筋根数不变,预应力变化
EHSW5	586.4	689.3	−14.93%	
EHSW6	603.8	648.2	−6.85%	浆锚钢筋无粘结长度变化
EHSW7	607.5	685.3	−11.35%	
EHSW8	535.4	584.9	−8.46%	轴压比变化

注:1. 误差=(理论值−实测值)/实测值×100%。

从表5-9中可以看出,理论值普遍低于实测值,说明按现有理论方法计算EHSW的屈服荷载可获得较为保守的结果。分析认为,理论值与实测值之间存在差异的原因主要是:材料实际性能的离散性;基于梁、板类受弯构件的无粘结预应力筋应力增量计算方法应用于剪力墙构件的近似性;试验加载过程中必然存在的误差等多方面因素。

根据试验结果及有限元参数分析结论,预应力筋面积、预应力筋预拉力、浆锚钢筋无粘结长度及轴压比均是影响 EHSW 试件屈服荷载的敏感参数,且与各参数均呈正相关关系。在按理论计算方法即式 5.7 的基础上,为得到一个适用的,并能与试验实测值基本吻合的 EHSW 试件开裂荷载计算方法,有必要对其进行修正。修正过程中,将预应力筋面积参数以预应力筋配筋率 ρ_p(计算见式 5.6)表示,预应力筋预拉力参数以综合配筋特征值 ξ_p(计算见式 5.4)表示,浆锚钢筋无粘结长度参数以浆锚钢筋无粘结长度与钢筋公称直径的比值 n 表示,各 EHSW 试件上述三类参数值见表 5-10。

表 5-10　EHSW 试件屈服荷载相关参数

试件	ρ_p	ξ_p	n	λ
EHSW1	0.00329	0.33	12.500	0.110
EHSW2	0.00247	0.29	12.500	0.110
EHSW3	0.00165	0.30	12.500	0.110
EHSW4	0.00329	0.30	12.500	0.110
EHSW5	0.00329	0.28	12.500	0.110
EHSW6	0.00329	0.32	15.625	0.110
EHSW7	0.00329	0.33	9.375	0.110
EHSW8	0.00329	0.33	12.500	0.055

采用多元线性拟合方法将理论值向试验值进行拟合,拟合后屈服荷载计算公式见式 5.17。

$$F'_y = (1.034 + 2.118\rho_p + 0.001\xi_p + 0.001n + 0.693\lambda)F_y \qquad (5.17)$$

按式 5.17 重新计算各模型屈服荷载,其与实测值的比较情况见表 5-11。从表中可以看出,经修正后计算精度得到明显提高,误差控制在 $-4\%\sim+6\%$ 以内,与实测值具有很好的吻合度。

表 5-11　EHSW 试件屈服荷载修正值

试件	修正值/kN	实测值/kN	误差[1]
EHSW1	685.7	673.3	1.84%
EHSW2	658.8	681.3	-3.30%
EHSW3	657.5	646.3	1.73%
EHSW4	672.5	681.3	-1.29%
EHSW5	662.6	689.3	-3.87%
EHSW6	684.2	648.2	5.55%
EHSW7	684.6	685.3	-0.10%
EHSW8	584.6	584.9	-0.05%

注:1. 误差=(修正值-实测值)/实测值×100%。

5.3 EHSW 极限荷载计算

对于极限荷载的计算,其主要方法与过程与 5.2 节屈服荷载计算方法相同,仅需考虑钢筋材料的应变强化,即以钢筋极限强度取代屈服强度进行计算。具体计算过程此处省略,仅给出关键的计算结果,见表 5-12～表 5-14。

表 5-12　EHSW 试件受弯极限荷载理论值

试件	ξ	x /mm	M_u /(kN·m)	F_u /kN
EHSW1	0.250	374.59	2 512	726.1
EHSW2	0.229	343.03	2 435	703.9
EHSW3	0.228	342.70	2 435	703.6
EHSW4	0.239	358.17	2 473	714.7
EHSW5	0.231	346.36	2 444	706.3
EHSW6	0.247	370.34	2 502	723.2
EHSW7	0.250	375.67	2 515	726.8
EHSW8	0.188	282.02	2 272	656.6

表 5-13　EHSW 试件受剪极限荷载理论值

试件	f_u/E_s	f_{ps} /MPa	V_u /kN
EHSW1	0.0031	1 484.8	2 189.6
EHSW2	0.0031	1 363	2 189.6
EHSW3	0.0031	1 870.6	2 189.6
EHSW4	0.0031	1 281.3	2 189.6
EHSW5	0.0031	1 134.8	2 189.6
EHSW6	0.0031	1 432.1	2 189.6
EHSW7	0.0031	1 498.2	2 189.6
EHSW8	0.0031	1 489.7	1 811.1

表 5-14　EHSW 试件极限荷载理论值与实测值对比

试件	理论值/kN	实测值/kN	误差[1]	备注
EHSW1	726.1	805	−9.80%	EHSW 基准模型
EHSW2	703.9	817	−13.84%	预拉力不变,预应力筋根数变化
EHSW3	703.6	793	−11.27%	

试件	理论值/kN	实测值/kN	误差[1]	备注
EHSW4	714.7	836	−14.51%	预应力筋根数不变,预应力变化
EHSW5	706.3	784	−9.91%	
EHSW6	723.2	793	−8.80%	浆锚钢筋无粘结长度变化
EHSW7	726.8	864	−15.88%	
EHSW8	656.6	759	−13.49%	轴压比变化

注:1. 误差=(理论值−实测值)/实测值×100%。

从表 5-12 和表 5-13 中结果可以看出,对于 EHSW 极限荷载的计算,仍然以受弯控制为主,这也与试验现象相符合。

从表 5-14 中可以看出,与屈服荷载计算情况相似,EHSW 试件极限荷载理论计算值低于试验实测值,说明按现有理论方法计算 EHSW 的极限荷载可获得较为保守的结果。需要说明的是,部分 EHSW 试件在试验终止时未发生明显的承载力降低现象,导致极限荷载出现在试验终止位移处,为后续恢复力模型的建立,考虑到大部分模型一定程度的承载力降低,此处极限荷载的取值均取自各 EHSW 试件破坏前一阶段正向的水平荷载实测值,而与表 3-13 给出的峰值荷载项有所区别。

同样地,为得到一个适用的,并能与试验实测值基本吻合的 EHSW 试件极限荷载计算方法,有必要对既有理论公式进行修正。根据试验结果及有限元参数分析结论,对 EHSW 试件极限荷载影响较为明显的参数与屈服荷载相同,同样包括预应力筋面积、预应力筋预拉力、浆锚钢筋无粘结长度及轴压比等参数,且除与浆锚钢筋无粘结长度参数呈负相关关系外,与其他参数均呈正相关关系。因此,修正过程中引入上述三类参数的影响,并按表 5-10 进行参数取值。

采用多元线性拟合方法将理论值向试验值进行拟合,拟合后极限荷载计算公式见式 5.18。

$$F'_u = (1.298 + 0.432\rho_p + 0.067\xi_p - 0.014n + 0.001\lambda)F_u \tag{5.18}$$

按式 5.18 重新计算各模型极限荷载,其与实测值的比较情况见表 5-15。从表中可以看出,经修正后计算精度得到明显提高,误差控制在−2%～+6%以内,与实测值具有很好的吻合度。

表 5-15 EHSW 试件极限荷载修正值

试件	修正值/kN	实测值/kN	误差[1]
EHSW1	832.6	839	0.77%
EHSW2	804.9	816	1.38%
EHSW3	804.9	792	−1.60%

试件	修正值/kN	实测值/kN	误差[1]
EHSW4	818.1	836	2.19%
EHSW5	807.5	851	5.39%
EHSW6	797.1	796	−0.14%
EHSW7	865.2	864	−0.14%
EHSW8	752.8	759	0.82%

注:1. 误差＝(修正值−实测值)/实测值×100%。

5.4　EHSW 刚度计算

为进一步掌握 EHSW 试件变形性能,探讨其刚度计算方法。随着水平荷载的增大,由于混凝土开裂、钢筋屈服等因素的影响,试件由弹性进入弹塑性工作状态,其抗侧刚度逐渐退化。为了解其刚度及变形发展的全过程,此处拟对 EHSW 试件在开裂阶段、屈服阶段以及极限阶段的刚度进行理论计算,以获得适用的,并可反映试验情况的刚度计算方法。

5.4.1　EHSW 开裂阶段刚度计算

试件开裂阶段的刚度计算,可假设试件仍然处于弹性阶段,按照墙肢顶点作用一水平集中荷载进行分析,考虑墙肢的弯曲变形与剪切变形,其开裂阶段抗侧刚度 K_{cr} 计算方法见式 5.19。

$$K_{cr} = \frac{1}{\frac{H_w^3}{3EI} + \frac{\mu H_w}{GA}}$$

(5.19)

式中　H_w——模型计算高度,此处取水平荷载作用点至水平拼缝截面的高度,即
　　　　3 460 mm;

　　　E——混凝土材料的弹性模量,按表 3-2 取 31 444 N/mm²;

　　　I——墙肢截面惯性矩,$I = bh_w^3/12$,根据墙肢截面尺寸,计算得81 883 333 333 mm⁴;

　　　μ——剪应力不均匀系数,对于矩形截面,取 1.2;

　　　G——混凝土材料的剪切变形模量,取弹性模量的 40%,即12 577.6 N/mm²;

　　　A——墙肢截面面积,$A = bh_w$,根据墙肢截面尺寸,计算得 340 000 mm²。

根据式 5.19 计算得到的 EHSW 试件开裂阶段抗侧刚度 K_{cr},以及 5.1 节计算得到的开裂荷载修正值(计算见式 5.1~式 5.5),计算开裂位移的理论解,相关计算结果见表 5-16。

表 5-16 EHSW 试件开裂位移理论值与实测值对比

试件	K_{cr} /(kN·mm^{-1})	开裂位移理论值 /mm	开裂位移实测值 /mm	备注
EHSW1	157.89	1.90	6.80	EHSW 基准模型
EHSW2	157.89	1.61	5.47	预拉力不变,预应力筋根
EHSW3	157.89	1.67	5.31	数变化
EHSW4	157.89	1.71	5.75	预应力筋根数不变,预应
EHSW5	157.89	1.57	5.82	力变化
EHSW6	157.89	1.86	7.37	浆锚钢筋无粘结长度变化
EHSW7	157.89	1.92	6.86	
EHSW8	157.89	1.42	6.09	轴压比变化

从表 5-16 可以看出,开裂位移理论值与实测值相差较大,且远小于开裂位移实测值。分析认为主要是由于式 5.19 未考虑模型开裂过程中必然存在的材料微损伤,而均对材料性能参数取理论弹性值,从而过高估计了 EHSW 试件在本阶段的刚度,因此,有必要在式 5.19 的基础上,引入一个比例系数 α,以适当考虑材料微损伤对模型整体刚度的降低效应。

另外,根据试验结果及有限元参数分析结论,对 EHSW 试件开裂刚度影响较明显且有固定规律的参数包括预应力筋预拉力与轴压比,且均呈正相关关系。与前文类似,引入比例因子 α、综合配筋特征值 ξ_p 以及轴压比 λ,对式 5.19 进行改进,构造式 5.20,并进行多元线性拟合,将开裂阶段位移理论值向实测值进行逼近,最终得到适用的且符合试验数据的开裂阶段刚度修正计算公式,见式 5.21。

$$K'_{cr}=\alpha f(\xi_p,\lambda)K_{cr} \tag{5.20}$$

式中 $f(\xi_p,\lambda)$——包含 ξ_p、λ 的多元线性多项式。

$$K'_{cr}=0.542(0.355+0.001\xi_p+1.381\lambda)K_{cr} \tag{5.21}$$

$$\Delta'_{cr}=F'_{cr}/K'_{cr} \tag{5.22}$$

按照式 5.21 和式 5.22 重新计算各 EHSW 试件开裂阶段抗侧刚度与相应的水平位移,并与实测值进行对比,计算结果见表 5-17。从表中可以看出,对位移实测值预测的精度得到明显改进,总体看来,式 5.21 给出了 EHSW 试件开裂阶段刚度的合理预测。

表 5-17 EHSW 试件开裂位移修正值与实测值对比

试件	K'_{cr} /(kN·mm^{-1})	开裂位移修正值 /mm	开裂位移实测值 /mm	误差[1]
EHSW1	44.87	6.75	6.80	−0.74%
EHSW2	44.86	5.65	5.47	3.29%

试件	K'_{cr} /(kN·mm^{-1})	开裂位移修正值 /mm	开裂位移实测值 /mm	误差[1]
EHSW3	44.87	5.88	5.31	10.73%
EHSW4	44.87	6.01	5.75	4.52%
EHSW5	44.86	5.50	5.82	−5.50%
EHSW6	44.87	6.57	7.37	−10.85%
EHSW7	44.87	6.82	6.86	−0.58%
EHSW8	36.85	6.10	6.09	0.16%

注:1. 误差＝(开裂位移修正值－开裂位移实测值)/开裂位移实测值×100%。

5.4.2　EHSW 屈服阶段刚度计算

EHSW 试件在屈服阶段,混凝土已经有一定程度的损伤,且竖向钢筋也已发生屈服,模型进入弹塑性工作阶段。一般为简化计算,该阶段刚度一般取为开裂阶段即弹性阶段刚度的 85%。

另外,根据试验结果及有限元参数分析结论,对 EHSW 试件屈服刚度影响较明显且有固定规律的参数包括预应力筋预拉力、浆锚钢筋无粘结长度与轴压比,且与预应力筋预拉力和轴压比参数呈正相关关系,而与浆锚钢筋无粘结长度参数呈负相关关系。与前文类似,引入综合配筋特征值 ξ_p、浆锚钢筋无粘结长度与钢筋直径的比值 n 和轴压比 λ,构造式 5.23,并进行多元线性拟合,将屈服阶段位移理论值向实测值进行逼近,最终得到适用的且符合试验数据的屈服阶段刚度修正计算公式,见式 5.24。

$$K'_y = 0.85 f(\xi_p, n, \lambda) K'_{cr} \tag{5.23}$$

式中:$f(\xi_p, n, \lambda)$——包含 ξ_p、n、λ 的多元线性多项式。

$$K'_y = 0.85(0.587 + 0.001\xi_p - 0.011n + 0.001\lambda) K'_{cr} \tag{5.24}$$

$$\Delta'_y = \Delta'_{cr} + (F'_y - F'_{cr}) / K'_y \tag{5.25}$$

按照式 5.24 和式 5.25 计算各 EHSW 试件屈服阶段抗侧刚度与相应的水平位移,并与实测值进行对比,计算结果见表 5-18。其中,屈服位移实测值按表 3-15 正向屈服位移值取值。从表中可以看出,式 5.24 对 EHSW 试件本阶段的刚度给出了良好的预测,但轴压比较小的模型 EHSW8 偏差仍然较大。分析认为,从屈服位移实测值数据看,轴压比参数变化与屈服位移实测值变化之间不能完全适用于线性相关关系,因此,采用本书的线性拟合必然存在一定误差。

表 5-18　EHSW 试件屈服位移修正值与实测值对比

模型编号	$K'_y/(\text{kN}\cdot\text{mm}^{-1})$	屈服位移修正值 /mm	屈服位移实测值 /mm	误差[1]
EHSW1	17.16	29.2	31.2	-6.41%
EHSW2	17.16	29.4	28.5	3.16%
EHSW3	17.16	28.9	27.5	5.09%
EHSW4	17.16	29.6	30.0	-1.33%
EHSW5	17.15	29.8	32.4	-8.02%
EHSW6	15.85	31.3	31.6	-0.95%
EHSW7	18.47	27.4	29.1	-5.84%
EHSW8	14.09	31.6	28.4	11.27%

注:1. 误差=(屈服位移修正值-屈服位移实测值)/屈服位移实测值×100%。

5.4.3　EHSW 极限阶段刚度计算

极限阶段 EHSW 试件刚度计算基本与屈服阶段相同,对于 EHSW 试件极限阶段刚度的简化计算,构造式 5.26,但该阶段刚度对开裂阶段即弹性阶段刚度的折减系数 β 按试验数据统计分析确定。同时,考虑到极限阶段模型弹塑性发展较为充分,相关设计参数对其刚度均有一定影响,因此,此处考虑预应力筋配筋率 ρ_p、综合配筋特征值 ξ_p、浆锚钢筋无粘结长度与钢筋直径的比值 n 和轴压比 λ 的影响,并进行多元线形拟合,将极限阶段位移理论值向实测值进行逼近,最终得到适用的且符合试验数据的极限阶段刚度修正计算公式,见式 5.27。

$$K'_u=\beta f(\rho_p,\ \xi_p,\ n,\ \lambda)K'_{cr} \tag{5.26}$$

式中　$f(\rho_p,\ \xi_p,\ n,\ \lambda)$ ——包含 ρ_p、ξ_p、n、λ 的多元线性多项式。

$$K'_u=0.384(0.205+1.595\rho_p+0.482\xi_p-0.012n+0.001\lambda)K'_{cr} \tag{5.27}$$

$$\Delta'_u=\Delta'_y+(F'_u-F'_y)/K'_u \tag{5.28}$$

按照式 5.27 和式 5.28 计算各 EHSW 试件极限阶段抗侧刚度与相应的水平位移,并与实测值进行对比,计算结果见表 5-19。其中,对于极限阶段位移实测值的取值,取与 5.3 节极限荷载对应的实测正向水平位移。从表中可以看出,式 5.27 对 EHSW 试件本阶段的刚度给出了良好的预测,但与屈服阶段类似,轴压比较小的模型 EHSW8 偏差仍然较大。同样认为,从极限位移实测值数据看,轴压比参数变化与极限位移实测值变化之间仍然不能完全适用于线性相关关系,因此,采用本书的线性拟合必然存在一定误差。

表 5-19　EHSW 试件极限位移修正值与实测值对比

模型编号	K'_u/(kN·mm^{-1})	极限位移修正值/mm	极限位移实测值/mm	误差[1]
EHSW1	3.78	68	70.5	−3.55%
EHSW2	3.43	72	70.2	2.56%
EHSW3	3.49	71.2	70.3	1.28%
EHSW4	3.53	70.8	70.6	0.28%
EHSW5	3.36	72.9	70.6	3.26%
EHSW6	3.05	68.3	70.7	−3.39%
EHSW7	4.43	68.2	70.6	−3.40%
EHSW8	3.10	85.8	70.5	21.70%

注:1. 误差＝(极限位移修正值−极限位移实测值)/极限位移实测值×100%。

第6章

装配式混合连接剪力墙恢复力模型

结构或构件在受外界干扰产生变形时企图恢复原有状态的抗力,即恢复力。其与变形之间的关系曲线称为恢复力特性曲线(滞回曲线)。恢复力特性曲线充分反映了构件强度、刚度、延性等力学特征,根据滞回环面积的大小可以衡量构件吸收能量的能力,它是分析结构抗震性能的重要依据。

在结构或构件地震反应分析中常常将实际的恢复力特性曲线模型化,即恢复力模型。恢复力模型通常是根据大量从试验中获得的力与变形的关系曲线经适当抽象和简化而得到的实用数学模型。建立 EHSW 恢复力模型,是对其进行抗震性能理论分析以及抗震设计的基础,具有重要的理论意义。

6.1 恢复力模型概述

6.1.1 恢复力模型分类

国内外地震工程界从 20 世纪 60 年代即开始了对恢复力模型的研究工作,并提出了许多不同类型的恢复力模型,以供理论分析与工程设计参考。

从分析对象层次上,恢复力模型可建立在三个层次上,即材料恢复力模型、构件恢复力模型和结构恢复力模型。材料恢复力模型,即从钢筋、混凝土等材料性能出发,建立在材料的应力-应变关系的层次上,目前采用的钢筋恢复力模型主要是 Kato、朱伯龙、Sozen 提出的,混凝土恢复力模型主要有 Darwin、Peeknold 模式,Liu、Nilson 和 Slate 模式,Kupfer 和 Gerstle 模式[75]。构件恢复力模型建立在单个构件基础上,如钢筋混凝土梁、柱、剪力墙、梁柱节点,型钢混凝土梁、柱等,构件恢复力模型有弯矩-曲率关系、力-位移关系。当结构弹塑性地震反应分析采用杆系模型时,需要用到梁、柱的构件恢复力模型。当结构弹塑性地震反应分析采用层模型时,首先根据各个构件弯曲、轴向及剪切刚度和承载力求出各层的等效剪切刚度和抗剪承载力,进一步采用静力弹塑性方法建立层恢复力模型。

从恢复力模型的确定方法上,又分为试验拟合法、系统识别法、理论计算法。试验拟合法,根据试验结果散点图,利用一定的数学模型,定量地确定出骨架曲线和不同控制标准下的滞回环,然后将骨架曲线和各标准滞回环结合起来组成恢复力曲线,并利用不同控制变形下的标准滞回环相比较确定反复加载时的刚度退化规律;系统识别法,先根据现有模型总结出恢复力模型的三个参数,即控制刚度退化的参数、控制捏拢效应的参数与控制强度退化的参数,再在此基础上依据振动台试验或计算结果进行动力参数的识别;理论计算法,由材料层次的恢复力模型经计算并简化以得到构件层次的模型。

6.1.2　恢复力模型需确定的内容

在确定恢复力模型时,需要确定骨架曲线和滞回规则两方面内容。骨架曲线要确定关键点,关键点能反映开裂、屈服、破坏等主要特征;滞回规则体现了构件的高度非线性,一般要确定正负向加、卸载过程中的行走路线及强度退化、刚度退化等特征。建立恢复力模型通常采用的方法是:由比较可靠的理论公式确定骨架曲线上的关键点,由低周反复荷载试验确定滞回规律。

6.1.3　剪力墙构件恢复力模型

由于剪力墙构件的截面形式、配筋构造以及受力机理较线形构件如梁、柱等更为复杂,影响因素较多且规律不够直观,目前较为成熟的剪力墙构件恢复力模型较少,而主要采用一些近似的宏观分析模型来模拟剪力墙构件的恢复力模型,这些宏观模型一般是将已具备较为成熟的恢复力模型的梁类、杆类及支撑类构件进行组装,以近似反映剪力墙构件滞回特性,主要有等效梁模型、等效支撑模型、三垂直杆元模型和多垂直杆元模型[68,76-79]。这些宏观模型均是建立在平截面假定基础上,而对于剪力墙构件这种剪切变形往往占据总变形一定比例的构件来讲,是不一定合适的。

由于剪力墙结构在我国的大量应用,国内部分学者针对性地开展了剪力墙构件的恢复力模型研究工作。李莉[80]对高强混凝土-型钢组合剪力墙及内嵌聚苯板高强混凝土复合剪力墙基于低周反复荷载试验结果建立了其三折线骨架曲线模型和恢复力模型;刘鸿亮[81]采用试验拟合法建立了带约束拉杆双层钢板内填混凝土组合剪力墙简化三折线骨架曲线和恢复力模型;李晓蕾[82]对 T 形、一字形、L 形短肢剪力墙进行了系统研究,并基于试验数据采用最小二乘法拟合建立了四折线、三折线骨架曲线模型,并基于此建立了相应的恢复力模型;白亮[83]对型钢高性能混凝土进行了试验研究,并建立了四折线、三折线骨架曲线模型,并基于此建立了相应的恢复力模型;王坤[84]建立了 RC 剪力墙构件的理想三折线骨架曲线模型,并将损伤模型引入滞回规则中,建立 RC 剪力墙的恢复力模型;魏旭[85]、曾航[86]建立了密肋复合墙考虑刚度退化的四线型模型,结合统计回归分析手段,建立了相应的恢复力模型,并对恢复力模型的影响因素进行了深入分析;宋文山[87]采用试验拟合方法建立了带竖缝剪力墙板的恢复力模型;马峰[88]建立了格构式复合剪力墙的退化三线型恢复力模型,但未考虑强度退化;连星等[89]给出了叠合板式剪力墙恢复力模型特征参数计算方法;寇佳亮等[90]以开裂点、屈服点、峰值点和极限点为特征点,考虑刚度退化,建立纤维增强混凝土剪力墙四线型恢复力模型;李兵等[91-92]对钢筋混凝土低、高剪力墙分别进行了试验研究并建立了相应的恢复力模型。上述对于剪力墙构件恢复力模型的研究成果对本研究有较大的启发,将作为本次恢复力模型建立的有益参考。

6.2 单调荷载作用下 EHSW 骨架曲线模型

通过观察 EHSW 试件骨架曲线的形状与走势,并结合 5.4 节对开裂阶段、屈服阶段以及极限阶段刚度计算结果可以发现,试件在开裂、屈服与极限阶段刚度均发生了较明显的转折、退化。因此,拟采用考虑开裂点、屈服点、极限点以及模型破坏点所形成的四折线模型(图 6-1)来近似模拟 EHSW 试件骨架曲线。通过该四折线模型,可以合理描述 EHSW 试件在单调荷载作用下加载至破坏的受力全过程的荷载与位移关系。

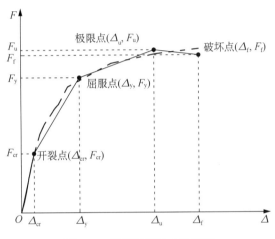

图 6-1 四折线骨架曲线模型

为建立该四折线模型,需要确定开裂点、屈服点、极限点以及破坏点的荷载与位移。

6.2.1 开裂点荷载与位移的确定

基于 5.1 节 EHSW 试件开裂荷载计算方法以及 5.4.1 节对 EHSW 试件开裂阶段刚度计算方法,可直接用于确定此处开裂点的荷载与位移,其中,位移可由该阶段荷载与刚度推算得到,具体见式 5.22。

各 EHSW 试件开裂点荷载与位移的计算结果见表 6-1。

表 6-1 EHSW 试件开裂点荷载与位移

试件	开裂阶段刚度/(kN·mm^{-1})	开裂点荷载/kN	开裂点位移/mm
EHSW1	44.59	301	6.75
EHSW2	44.59	252	5.65
EHSW3	44.59	262	5.88
EHSW4	44.59	268	6.01

续表 6-1

试件	开裂阶段刚度/(kN·mm⁻¹)	开裂点荷载/kN	开裂点位移/mm
EHSW5	44.59	245	5.50
EHSW6	44.59	293	6.57
EHSW7	44.59	304	6.82
EHSW8	36.91	225	6.10

6.2.2　屈服点荷载与位移的确定

基于 5.2 节 EHSW 屈服荷载计算方法以及 5.4.2 节对 EHSW 屈服阶段刚度计算方法,可用于确定此处屈服点的荷载与位移,其中,位移可由该阶段荷载增量与刚度以及开裂点位移推算得到,具体见式 5.25。

各 EHSW 试件屈服点荷载与位移的计算结果见表 6-2。

表 6-2　EHSW 试件屈服点荷载与位移

试件	屈服阶段刚度/(kN·mm⁻¹)	屈服点荷载/kN	屈服点位移/mm
EHSW1	17.16	685.7	29.2
EHSW2	17.16	658.8	29.4
EHSW3	17.16	657.5	28.9
EHSW4	17.16	672.5	29.6
EHSW5	17.15	662.6	29.8
EHSW6	15.85	684.2	31.3
EHSW7	18.47	684.6	27.4
EHSW8	14.09	584.6	31.6

6.2.3　极限点荷载与位移的确定

基于 5.3 节 EHSW 极限荷载计算方法以及 5.4.3 节对 EHSW 极限阶段刚度计算方法,可用于确定此处极限点的荷载与位移,其中,位移可由该阶段荷载增量与刚度以及屈服点位移推算得到,具体见式 5.28。

各 EHSW 试件极限点荷载与位移的计算结果见表 6-3。

表 6-3　EHSW 试件极限点荷载与位移

试件	极限阶段刚度/(kN·mm⁻¹)	极限点荷载/kN	极限点位移/mm
EHSW1	3.78	832.6	68.0
EHSW2	3.43	804.9	72.0

试件	极限阶段刚度/(kN·mm⁻¹)	极限点荷载/kN	极限点位移/mm
EHSW3	3.49	804.9	71.2
EHSW4	3.53	818.1	70.8
EHSW5	3.36	807.5	72.9
EHSW6	3.05	797.1	68.3
EHSW7	4.43	865.2	68.2
EHSW8	3.10	752.8	85.8

6.2.4 破坏点荷载与位移的确定

对于破坏点荷载，可根据试验实测数据，按照对极限荷载（破坏阶段的前一加载等级的荷载）考虑一项比例系数 φ 的方法确定，其计算方法见式 6.1。

$$F'_f = \varphi F'_u \tag{6.1}$$

式中　F'_f——破坏荷载；

　　　φ——模型破坏荷载与极限荷载实测值的比值，以正向加载为准，结果详见表 6-4；

　　　F'_u——极限荷载修正理论计算值，计算方法详见式 5.18。

表 6-4　EHSW 试件 φ 实测结果

试件	EHSW1	EHSW2	EHSW3	EHSW4	EHSW5	EHSW6	EHSW7	EHSW8
φ	0.998	0.963	0.963	1.020	1.055	0.997	0.988	0.995

破坏阶段刚度仍然由开裂阶段刚度折减（折减系数 φ）确定，具体计算方法见式 6.2。从表 6-4 可以看出，模型 EHSW4、EHSW5 在破坏阶段未发生承载力下降，其破坏阶段刚度为正值，而其他 EHSW 试件该阶段刚度则为负值。根据对试验数据的拟合分析，折减系数 φ 计算结果见表 6-5。

$$K'_f = \varphi K'_{cr} \tag{6.2}$$

式中　K'_f——破坏阶段刚度；

　　　φ——破坏阶段刚度折减系数，以正向加载为准；

　　　K'_{cr}——开裂阶段刚度修正理论计算值，计算方法详见式 5.21。

表 6-5　EHSW 试件 φ 理论结果

试件	EHSW1	EHSW2	EHSW3	EHSW4	EHSW5	EHSW6	EHSW7	EHSW8
φ	−0.002	−0.031	−0.028	0.016	0.048	−0.002	−0.009	−0.014

破坏点位移则可由该阶段荷载增量与刚度以及极限点位移推算得到，具体见式 6.3。

$$\Delta_f' = \Delta_u' + \frac{F_f' - F_u'}{K_f'} \tag{6.3}$$

式中　Δ_f'——破坏点位移；

　　　Δ_u'——极限点位移，计算方法见式 5.28；

　　　F_f'——破坏荷载计算值，计算方法详见式 6.1；

　　　F_u'——极限荷载修正理论计算值，计算方法详见式 5.18；

　　　K_f'——破坏阶段刚度计算值，计算方法详见式 6.2。

各 EHSW 试件破坏点荷载与位移的计算结果见表 6-6。

表 6-6　EHSW 试件破坏点荷载与位移

试件	破坏阶段刚度/(kN·mm⁻¹)	破坏点荷载/kN	破坏点位移/mm
EHSW1	−0.079	830.6	92.9
EHSW2	−1.394	775.3	93.3
EHSW3	−1.268	775.7	94.2
EHSW4	0.711	834.7	94.1
EHSW5	2.122	851.5	93.7
EHSW6	−0.111	794.3	93.5
EHSW7	−0.395	854.9	94.3
EHSW8	−0.521	749.1	92.9

6.2.5　四折线骨架曲线模型

根据 6.2.1～6.2.4 节的计算结果，将各 EHSW 试件的骨架曲线模型与试验实测滞回曲线、骨架曲线绘制于图 6-2 中。从图中可以看出，四折线模型与试验曲线有良好的吻合度，可基本反映 EHSW 试件在水平荷载作用下受力与变形的全过程。

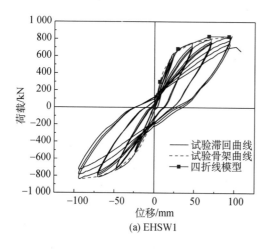

(a) EHSW1

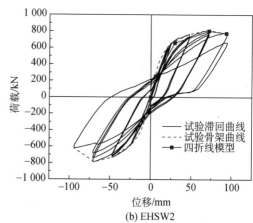

(b) EHSW2

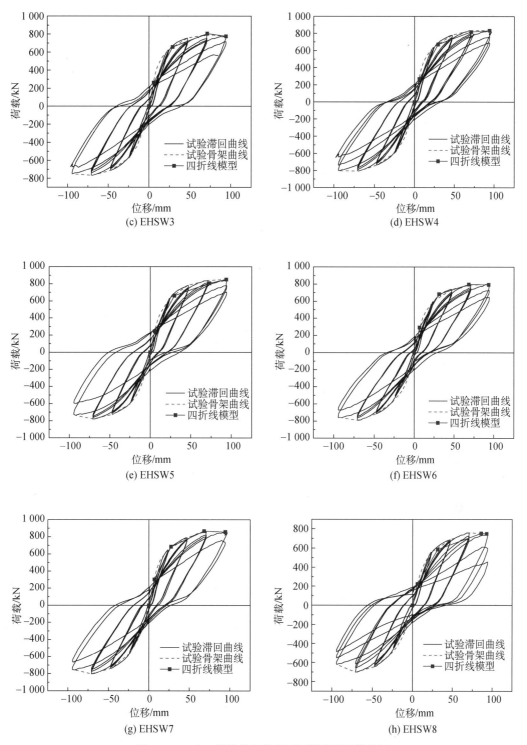

图 6-2　EHSW 试件骨架曲线四折线模型计算结果

6.3　往复荷载作用下 EHSW 恢复力模型

6.3.1　滞回规则

构件在往复荷载作用下的恢复力模型的建立,首先应确定其滞回规则,包括构件的卸载刚度、正反向再加载行走路线。

通过观察 EHSW 试件的试验滞回曲线发现:

(1) 当荷载未超出屈服荷载前,滞回环卸载曲线与初期加载(开裂阶段)曲线平行,卸载刚度未发生明显变化,因此,直至屈服点阶段滞回曲线卸载刚度可取开裂阶段加载刚度,即 $K_{y,u}=K'_{cr}$。

(2) 当荷载进一步增大,超出屈服荷载时,滞回环卸载曲线刚度开始发生退化,计算出各 EHSW 试件在各级滞回环顶点处的卸载刚度 $K_{u,i}$(i 代表加载级别),并根据既有经验,结合数值拟合手段,建立描述 $K_{u,i}$ 的拟合公式,具体见式 6.4,拟合公式与试验值的相关系数 $R^2>0.998$,其拟合结果见图 6-3。

$$\frac{K_{u,i}}{K'_{cr}}=0.574\,61\left(\frac{\Delta_i}{\Delta_y}\right)^{-0.482\,28} \tag{6.4}$$

式中　$K_{u,i}$——第 i 级加载位移卸载刚度;

　　　　K'_{cr}——弹性阶段刚度,即开裂阶段刚度,计算方法详见式 5.21;

　　　　Δ_i——第 i 级加载位移;

　　　　Δ_y——屈服点位移。

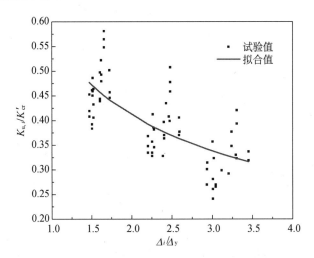

图 6-3　EHSW 试件屈服点后卸载刚度拟合计算结果

通过观察 EHSW 试件试验滞回曲线可以发现,其正、反向加载及重复加载基本上指向骨架曲线上的一个定点,属于定点指向型。通过统计分析,该点纵坐标值即荷载值与骨架曲线上开裂点的纵坐标值具有良好的线性相关性,并取为 F'_{cr} 点。

6.3.2　滞回路线

根据滞回规则及骨架曲线模型,拟定 EHSW 试件加、卸载以及重新加载过程中的行走路线,画出 EHSW 试件的滞回路线,见图 6-4。

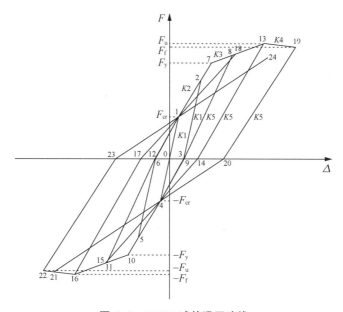

图 6-4　EHSW 试件滞回路线

(1) 行走路线参数说明

① $\pm F_{cr}$,四折线骨架曲线模型开裂点荷载,计算方法详见式 5.5;

② $\pm F_{y}$,四折线骨架曲线模型屈服点荷载,计算方法详见式 5.17;

③ $\pm F_{u}$,四折线骨架曲线模型极限点荷载,计算方法详见式 5.18;

④ $\pm F_{f}$,四折线骨架曲线模型破坏点荷载,计算方法详见式 6.1;

⑤ $K1$,弹性刚度即开裂阶段刚度,或加载至屈服点前卸载刚度,计算方法见式 5.21;

⑥ $K2$,开裂后至屈服前刚度,即屈服阶段刚度,计算方法见式 5.24;

⑦ $K3$,屈服后至荷载达到极限值刚度,即极限阶段刚度,计算方法见式 5.27;

⑧ $K4$,荷载达到极限值至破坏值刚度,即破坏阶段刚度,计算方法见式 6.2;

⑨ $K5$,加载至屈服点后卸载刚度,计算方法见式 6.4。

(2) 行走路线说明

恢复力模型的加载、卸载以及重复加卸载曲线应保持在四折线骨架曲线内,按照荷载加载等级,对恢复力曲线的行走路线进行详细说明:

① 加载至开裂点前,构件处于弹性阶段,加、卸载曲线为直线,加、卸载与重复加载的行走路线为 0→1→0→4→0;

② 加载超过开裂点并未至屈服点,构件进入弹塑性阶段,该阶段卸载刚度与弹性阶段刚度相同,取 $K1$,反向再加载过程中,曲线必须经过开裂点,行走路线为 0→1→2→3→

$4 \rightarrow 5 \rightarrow 6 \rightarrow 1 \rightarrow \cdots \cdots$;

③ 加载超过屈服点并未至极限点,构件塑性进一步发展,该阶段卸载刚度发生退化,取 $K5$,反向再加载过程中,曲线必须经过开裂点,并可能在未达到加载荷载或位移前,与骨架曲线提前相交,行走路线为 $0 \rightarrow 1 \rightarrow 2 \rightarrow 7 \rightarrow 8 \rightarrow 9 \rightarrow 4 \rightarrow 10 \rightarrow 11 \rightarrow 12 \rightarrow 1 \rightarrow 7 \rightarrow 13 \rightarrow \cdots \cdots$;

④ 加载超过极限点并未至破坏点,与③相同,该阶段卸载刚度发生退化,取 $K5$,反向再加载过程中,曲线必须经过开裂点,并可能在未达到加载荷载或位移前,与骨架曲线提前相交,行走路线为 $0 \rightarrow 1 \rightarrow 7 \rightarrow 13 \rightarrow 19 \rightarrow 20 \rightarrow 4 \rightarrow 21 \rightarrow 22 \rightarrow 23 \rightarrow 1 \rightarrow 24 \rightarrow \cdots \cdots$。

6.3.3 EHSW 恢复力模型

根据骨架曲线和滞回规则,并按一定的行走路线即滞回路线,则可建立恢复力模型。各 EHSW 试件的恢复力模型与试验滞回曲线对比见图 6-5。

从图 6-5 中可以看出,建立的恢复力模型与试验滞回曲线具有良好的吻合度,可反映 EHSW 试件在低周反复荷载加载整个试验过程中的加载、卸载、再加载的荷载与位移关系特性,对卸载刚度退化也有较好的拟合性。

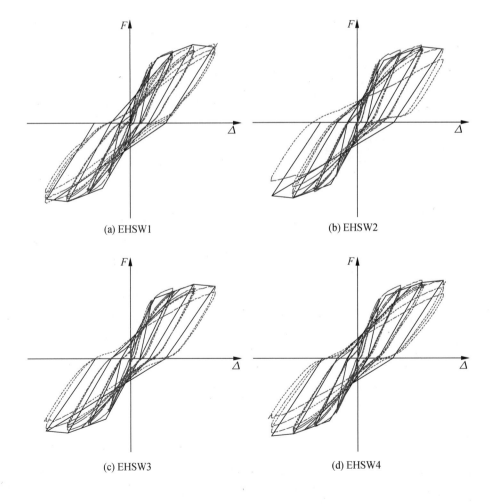

(a) EHSW1   (b) EHSW2

(c) EHSW3   (d) EHSW4

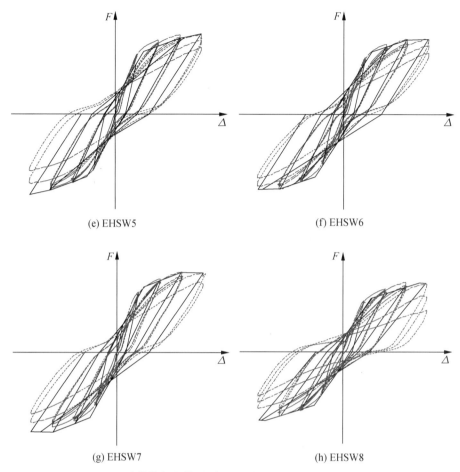

(e) EHSW5

(f) EHSW6

(g) EHSW7

(h) EHSW8

图 6-5   EHSW 试件恢复力模型（虚线为试验滞回曲线，实线为恢复力模型）

第**7**章

基于 OpenSees 的装配式混合连接剪力墙构造改进

关于 EHSW 的试验及 ABAQUS 参数分析研究表明,预应力连接技术与钢筋浆锚技术的结合可有效改善构件抗震性能。考虑到试验试件受到限制及 ABAQUS 分析无法反映试件滞回性能、延性及耗能能力等抗震性能指标的局限性,采用 OpenSees 分析软件,探讨基于全装配式混凝土剪力墙理念而进行相关改进构造的 EHSW 真实抗震表现,突破"等同现浇"理念,寻求更为高效、合理、可靠的 EHSW 构造。

7.1 OpenSees 模型建立

7.1.1 分析软件选择

OpenSees(全称 Open System for Earthquake Engineering Simulation),是土木工程学术界广泛使用的有限元分析软件和地震工程模拟平台。该软件是在美国自然科学基金(NSF)资助下,由美国太平洋地震研究中心(Pacific Earthquake Engineering Research Center,PEER)组织,以加州大学伯克利分校牵头、近十所美国著名高校为主共同开发而成[93]。

作为新一代的有限元计算软件,该程序使用面向对象的先进程序架构编写,用户可以对程序进行单元模型、材料本构模型、迭代算法以及后处理形式等二次开发。其脚本采用 Tcl/Tk 语言,Tcl/Tk 是一个完全可编程的脚本语言,用于定义模型、求解过程和后处理,既可以解决简单的问题,也可对大型非常复杂系统进行建模和参数研究。用户二次开发可采用 Visual C++进行编程,也可以在程序运行时使用动态 API 可调用新的模块(DLL 文件形式)及功能。

OpenSees 依靠其强大的非线性数值模拟功能、丰富的材料库与单元库、多种高效的算法、开放的程序架构及持续集成最新研究成果的先进理念,目前已逐渐发展成为地震工程领域最具影响力的开放科研平台之一。广泛用于结构的非线性模拟与抗震分析、岩土工程数值计算与地震反应模拟、结构敏感性与可靠度分析、结构倒塌分析、摩擦碰撞分析、混合试验仿真计算等多个领域。

为弥补 ABAQUS 分析结果的局限,真实再现改进构造的 EHSW 抗震性能,分析滞回性能、延性及耗能能力等抗震性能指标,基于 OpenSees 平台建立其纤维单元模型,并进行模拟试验的水平低周反复荷载试验加载,并通过分析滞回曲线结果,对其抗震性能进行评价。

7.1.2　单元类型选择

OpenSees 整个分析程序中,单元对象是最关键的一部分,程序内为用户提供了多种宏观单元类型,包括剪力墙构件模拟常用的三种梁柱单元(基于刚度法的梁柱单元、基于柔度法的梁柱单元以及基于柔度法的塑性铰梁柱单元)、钢筋模拟常用的桁架单元及特殊用途的零长度截面单元等。

1) 基于刚度法的梁柱单元

基于有限单元刚度法的非线性单元(Disp-beam Column Element),其插值函数采用位移插值函数,求解思路是将单元划分为若干个积分区段,利用三次 Hermite 构造切向位移场,对插值函数进行求导可得到截面处对应的截面变形,如式 7.1、式 7.2 所示。

$$\mathbf{d}(x) = \begin{Bmatrix} \ddot{\boldsymbol{v}}(x) \\ \dot{\boldsymbol{u}}(x) \end{Bmatrix} = \bar{\boldsymbol{a}}(x)\bar{\boldsymbol{q}} \tag{7.1}$$

$$\bar{\boldsymbol{a}}(x) = \begin{bmatrix} \ddot{\boldsymbol{\varphi}}_1(x) & \ddot{\boldsymbol{\varphi}}_2(x) & 0 & \ddot{\boldsymbol{\varphi}}_3(x) & \ddot{\boldsymbol{\varphi}}_4(x) & 0 \\ 0 & 0 & \dot{\boldsymbol{\varphi}}_1(x) & 0 & 0 & \dot{\boldsymbol{\varphi}}_2(x) \end{bmatrix} \tag{7.2}$$

当截面采用纤维模型则可以得到每根纤维对应的应变及应力,从而得到截面的抗力与刚度。对截面刚度沿单元长度积分即可得到单元的刚度矩阵,如式 7.3 所示。截面的抗力向量沿长度进行积分得到单元抗力向量,如式 7.4 所示。

$$\overline{\boldsymbol{K}} = \int_0^L \bar{\boldsymbol{a}}^{\mathrm{T}}(x)\boldsymbol{k}(x)\bar{\boldsymbol{a}}(x)\,\mathrm{d}x \tag{7.3}$$

$$\overline{\boldsymbol{Q}}_{\mathrm{R}} = \int_0^L \bar{\boldsymbol{a}}^{\mathrm{T}}(x)\boldsymbol{D}_{\mathrm{R}}(x)\,\mathrm{d}x \tag{7.4}$$

由于轴向应变为轴向位移的一阶导数,同时曲率为切向位移的二阶导数,因此基于构造的位移场,存在常值轴向应变、线性曲率和曲率不连续的问题。一般可通过细分单元的方式来减小位移场造成的误差,但单元细分会增加结构自由度,加大了计算的成本。基于刚度法的单元主要缺点是三次 Hermite 插值函数不能很好地描述端部屈服后单元的曲率分布,而且单元层次没有迭代计算,因此收敛速度慢。为减少 Hermite 函数造成的误差,采用多细分单元的方法进行建模,可以得到很好的效果。

2) 基于柔度法的梁柱单元

基于有限单元柔度法的非线性单元(Nonlinear Beam-column Element),其与基于刚度法不同的是该模型在积分点处采用的是力线性插值而不是位移插值,采用的插值函数如式 7.5 所示。

$$\boldsymbol{b}(x) = \begin{bmatrix} x(L-1) & xL & 0 \\ 0 & 0 & 1 \end{bmatrix} \tag{7.5}$$

通过插值函数把单元力线性转化为截面力,通过上一步迭代得到的截面柔度矩阵将截面力转换成截面变形,当截面采用纤维模型时,将得到截面每根纤维的应变及对应的应力,从而得到截面抗力及切线刚度。将截面的柔度矩阵沿长度进行积分将得到单元的柔度矩阵,如式 7.6 所示。

$$\bar{\boldsymbol{F}} = \int_0^L \boldsymbol{b}^{\mathrm{T}}(x)\boldsymbol{f}(x)\boldsymbol{b}(x)\,\mathrm{d}x \tag{7.6}$$

当截面抗力和截面外力不满足容差要求时,截面不平衡力将转化为截面残余变形,通过高斯积分转化为单元下一步迭代的变形增量,如此反复迭代,当截面抗力与截面力相等时,截面平衡,该过程称为单元的内部迭代。由于对单元进行内部迭代计算,使整体结构计算的收敛速度大幅提升。基于刚度法和柔度法的非线性梁柱单元多采用 Gauss-Lobatto 积分方法,积分点位置及权重如图 7-1 所示。

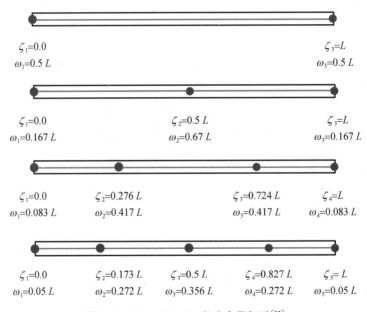

图 7-1　Gauss-Lobatto 积分点及权重[93]

相较刚度法梁柱单元,该单元不受线性曲率分布的限制,在模拟弯曲型梁柱构件时,可以得到很好的效果且收敛速度快,而且不需对杆件做进一步单元的细分。

3) 基于柔度法的塑性铰梁柱单元

大量的试验表明梁柱塑性铰多发生在端部,其中部基本处于弹性状态,由此提出了基于柔度法塑性铰梁柱单元(Beam with Hinges Element)。与基于柔度法梁柱单元的计算过程一样都需要单元内部迭代,但塑性铰单元的中部积分截面采用弹性本构,单元内部迭代只需在塑性铰区进行,使分析计算更易收敛,且提高了求解速度。

4）桁架单元

桁架单元（Corotational Truss Element）仅能传递轴力，同时与 OpenSees 中早期使用的杆单元相比较，桁架单元的优势在于可以考虑几何非线性对筋束单元受力变形的影响，因此计算更为准确。

5）零长度截面单元

零长度截面单元（Zero-length Section Element）的受力与变形状态由其纤维截面的状态确定。由于该单元长度是一个单位长度，故单元转角变形在数值上等于其纤维截面的曲率反应，截面内力积分即得到单元内力，该单元常用来模拟梁-柱、柱-基础等两结构部件间的相互作用的有效性以及预制剪力墙底部拼缝间的力学性能。

结合以上几种非线性梁柱单元的优缺点，本书采用了基于柔度法的梁柱单元来模拟剪力墙构件，桁架单元来模拟预应力钢筋。同时，在 EHSW 墙身底部添加零长度截面单元来考虑拼缝处力学性能对整体构件的影响。

7.1.3　材料本构模型

1）混凝土本构模型

混凝土采用 OpenSees 中的 Concrete01 单轴材料，该材料基于修正后的 Kent-Park 混凝土本构模型。该模型忽略混凝土的受拉能力，通过考虑混凝土受压端的峰值应力、峰值应变、下降段的软化曲率等来反映箍筋的约束情况，并可考虑混凝土的残余强度。总体来说，是一个简单又有相当精度的混凝土模型。其卸载的应力-应变关系由 Karsan-Jirsa 卸载规则确定，通过卸载段直线的斜率的衰减来考虑混凝土的损伤，最大的特点就是卸载与再加载为同一直线。其受压曲线分为三个区段，分别为上升段、下降段及平台段，见图 7-2，骨架表达式如式 7.7～式 7.12 所示。

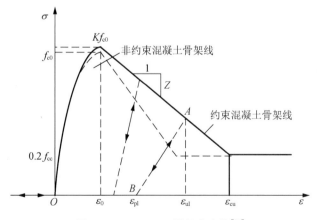

图 7-2　Kent-Park 混凝土本构[94]

$$上升段（\varepsilon \leqslant \varepsilon_0）\qquad \sigma = K f_{c0} \left[2 \left(\frac{\varepsilon}{\varepsilon_0} \right) - \left(\frac{\varepsilon}{\varepsilon_0} \right)^2 \right] \tag{7.7}$$

下降段（$\varepsilon_0 < \varepsilon \leqslant \varepsilon_{cu}$）　　$\sigma = K f_{c0} [1 - Z(\varepsilon - \varepsilon_0)]$ (7.8)

平台段（$\varepsilon > \varepsilon_{cu}$）　　$\bar{\boldsymbol{F}} = \int_0^L \boldsymbol{b}^{\mathrm{T}}(x) \boldsymbol{f}(x) \boldsymbol{b}(x) \, \mathrm{d}x$ (7.9)

$$\varepsilon_0 = 0.002K \tag{7.10}$$

$$K = 1 + \rho_v f_{yh} / f_{co} \tag{7.11}$$

$$Z = \frac{0.5}{\dfrac{3 + 0.29 f_{co}}{145 f_{co} - 1\,000} + 0.75 \rho_v \sqrt{\dfrac{h'}{s_h}} - 0.002K} \tag{7.12}$$

式中　ε_0——混凝土应力峰值对应的压应变；

　　　ε_{cu}——混凝土应力下降至 20%峰值应力时对应的压应变；

　　　K——箍筋对混凝土强度的提高系数；

　　　Z——应变软化斜率系数；

　　　f_{co}——混凝土圆柱体抗压强度；

　　　f_{yh}——箍筋的屈服强度（MPa）；

　　　ρ_v——箍筋的体积配箍率；

　　　h'——箍筋的肢距（mm）；

　　　s_h——箍筋间距（mm）。

Scott 等[95]保守地将首根约束箍筋断裂时的混凝土应变值作为核心混凝土的极限压应变的取值，将保护层混凝土脱落失效时的应变取为 0.004，约束混凝土的极限压应变按式 7.13 确定。

$$\varepsilon_{cu} = 0.004 + 0.9 \rho_v (f_{yh}/300) \tag{7.13}$$

式中　ρ_v——约束箍筋的体积配箍率；

　　　f_{yh}——约束箍筋的屈服应力。

OpenSees 中所采用的混凝土抗压强度为圆柱体抗压强度标准值，对于强度在 C60 以下的混凝土，圆柱体抗压强度标准值为 0.79 倍的立方体抗压强度标准值。根据修正的 Kent-Park 模型计算核心区受约束混凝土和非约束混凝土的材性参数，计算得到本次分析模型所使用的混凝土本构关系特征值如表 7-1 所示。

表 7-1　OpenSees 混凝土本构关系特征参数

混凝土类型	峰值强度/MPa	峰值应变	极限强度/MPa	极限应变
非约束区混凝土	27.97	0.0020	10.87	0.0040
约束区混凝土	41.50	0.0029	7.38	0.0445

计算所得混凝土本构模型曲线如图 7-3 所示。

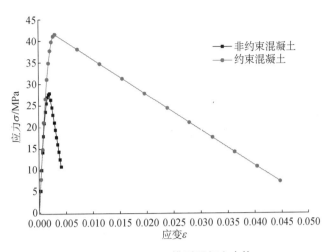

图 7-3　OpenSees 模型混凝土本构

2) 钢筋本构模型

普通钢筋和预应力钢筋均采用 OpenSees 中的 Steel02 单轴材料,该材料基于 Pinto 钢筋本构模型。该模型因为采用了应变的显函数表达式,具有很好的数值稳定性,同时也与钢筋反复加载试验结果吻合,能够较好地反映包辛格(Bauschinger)效应。该本构曲线如图 7-4 所示。

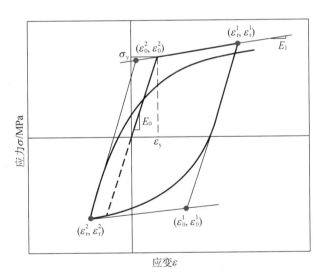

图 7-4　Menegotto-Pinto 钢筋本构[94]

曲线从初始斜率 E_0(钢筋弹性模量)的初始渐近线逐渐向斜率为 E_1 的屈服渐近线转变,$E_1 = bE_0$,b 为钢筋的硬化系数,取为 0.01。

应力-应变关系表达式的确定值取决于当前受力状态下的反向加载点(ε_r,σ_r)和参数 R。过渡曲线的表达式见式 7.14。

$$\sigma^* = b\varepsilon^* + \frac{(1-b)\varepsilon^*}{(1+\varepsilon^{*R})^{1/R}} \tag{7.14}$$

其中，σ^* 和 ε^* 分别为归一化的应力和应变，参数 R 为过渡曲线曲率系数。通过此参数可以调整钢筋的包辛格效应。具体按式 7.15～式 7.17 计算。

$$\sigma^* = \frac{\sigma - \sigma_r}{\sigma_0 - \sigma_r} \tag{7.15}$$

$$\varepsilon^* = \frac{\varepsilon - \varepsilon_r}{\varepsilon_0 - \varepsilon_r} \tag{7.16}$$

$$R = R_0 - \frac{a_1\xi}{a_2 + \xi} \tag{7.17}$$

式中　R_0——初始加载时曲率的曲率系数；

　　　a_1、a_2——往复加载时曲率的退化系数；

　　　ξ——应变历史上最大应变参数，按式 7.18 计算。

$$\xi = \left| \frac{\varepsilon_m - \varepsilon_0}{\varepsilon_y} \right| \tag{7.18}$$

式中　ε_m——应变历史上最大应变；

　　　ε_y——钢筋屈服应变。

R_0、a_1 和 a_2 参考 Menegotto 和 Pinto 提供的建议取值，分别取为 20、18.5、0.15。

7.1.4　模型建立

　　按照试验中实际的试件几何信息、材性实测指标值，对现浇构件和 EHSW 构件分别建立相应的数值分析模型，模型加载均采用位移加载，加载制度保持与试验过程相同。

　　1）现浇模型

　　如图 7-4 所示，现浇模型采用基于柔度法的梁柱单元模拟剪力墙，墙体构件沿竖向划分成 3 个单元，单元积分点数选为 5，梁柱单元采用纤维截面，分别赋予非约束混凝土、约束混凝土及钢筋属性，其中混凝土及钢筋本构分别采用 Concrete01 和 Steel02 单轴本构材料。

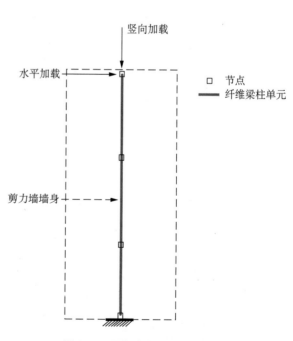

图 7-4　现浇试件 OpenSees 模型

2）EHSW 模型

如图 7-5 所示，EHSW 模型墙身采用与现浇构件一致的方法模拟，预应力钢筋采用共转桁架单元(Corotational Truss Element，考虑几何非线性)模拟，由于预应力筋只能受拉而不能受压，预应力筋的本构采用 Steel02 材料与 Elastic PP Gap 材料串联，通过设置初始预应力的方式来实现预应力的施加。由于无粘结预应力钢筋在墙体变形过程中的线形应与预应力管道保持一致，所以其单元划分与墙体单元划分一一对应。同时，将无粘结预应力钢筋的底部、顶部节点与相应的墙身节点完全约束，其他节点与相应墙身节点在水平面内的两个平动自由度耦合，竖向自由度全部放松。忽略可能产生的预应力钢筋与预应力管道之间的摩擦。为模拟底部浆锚钢筋的无粘结段，将此段长度内浆锚钢筋隔离于纤维截面外，采用桁架单元模拟其实际位置点，并用随动约束将桁架单元节点与相应墙节点进行约束。墙体底部通过设置零长度截面单元配以不考虑混凝土抗拉强度的 Concrete01 本构模型模拟 EHSW 墙体底部拼缝处反应。

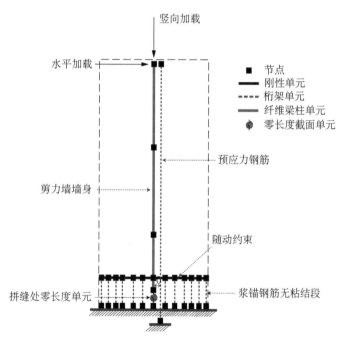

图 7-5　EHSW 试件 OpenSees 模型

7.2　OpenSees 模型验证

为保证有限元模型的准确性以及对试验结果的再现性，将有限元分析结果与试验有关结果进行对比，包括荷载-位移滞回曲线与荷载-位移骨架曲线两方面。

各试验构件有限元模拟滞回曲线和骨架曲线与试验实测曲线对比如图 7-6、图 7-7 所示。从图中可以看出，各试验构件滞回曲线的捏拢现象和卸载过程都得到了较

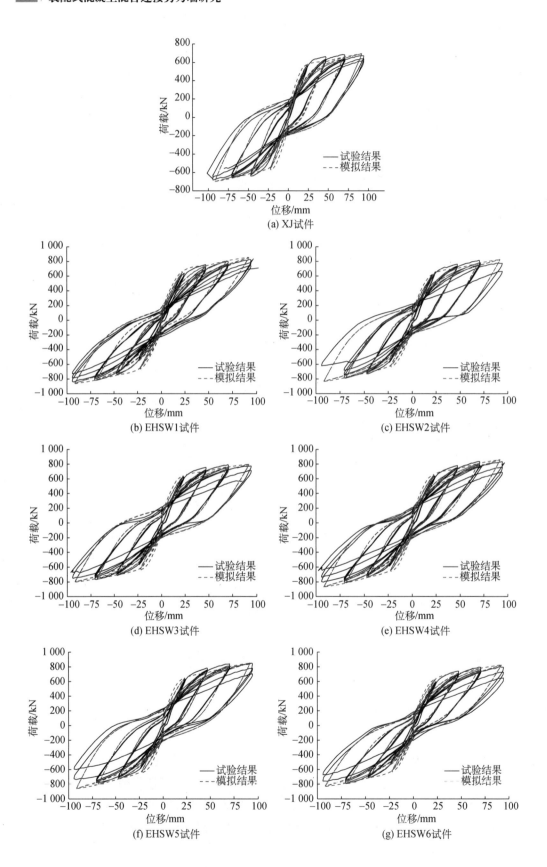

(a) XJ试件

(b) EHSW1试件

(c) EHSW2试件

(d) EHSW3试件

(e) EHSW4试件

(f) EHSW5试件

(g) EHSW6试件

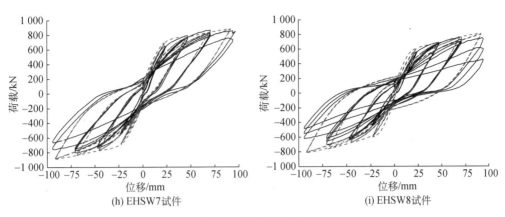

(h) EHSW7试件   (i) EHSW8试件

图 7-6   滞回曲线对比

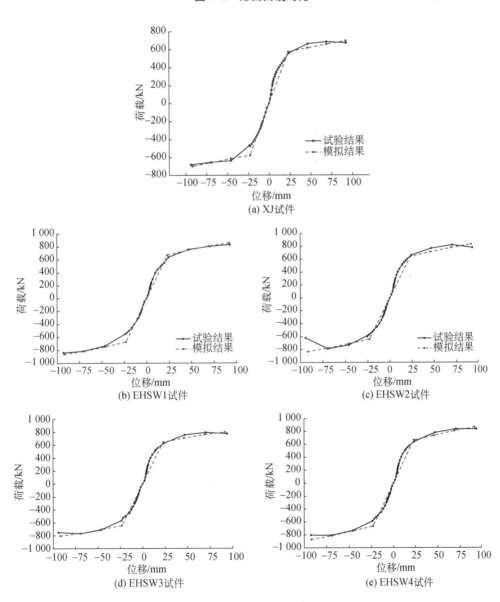

(a) XJ试件

(b) EHSW1试件   (c) EHSW2试件

(d) EHSW3试件   (e) EHSW4试件

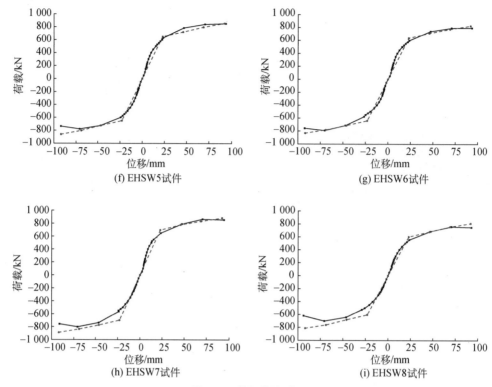

图 7-7　骨架曲线对比

好的模拟,各加载阶段数值模型的荷载值与试验实测值吻合良好。由于梁柱单元采用纤维截面,无法考虑剪切变形的影响,所以模拟曲线在最终阶段未出现下降破坏现象,也造成了模拟滞回曲线卸载段均比试验下降略快。同时,由于没有考虑钢筋从屈服到断裂过程中钢筋应力的下滑,导致加载后期水平承载力相比试验实测值略大,但整体趋势满足试验对数值模拟的要求。数值模型中的初始加卸载刚度均大于试验实测值,造成这种现象的原因其一可能是由于构件在浇筑和安装时已存在原始缺陷以及加载工装存在缝隙和受力变形,而进行数值模拟时并没有把相关影响模拟在内;其二是由于有限元分析模型并没有扣除掉预应力钢束的预应力损失,而是以理想状况一直保持着试验中的初始值,因此有限元模型的初始刚度较大,但随着加载等级的提高,试件自身变形逐渐增大,相关固有影响降低,从而使得后续数值模拟曲线与试验曲线表现出较好的逼近效果。通过上述对比可以发现,有限元模型与实际构件性能相差较小,可以以此为基础进行后续力学性能研究。

7.3　OpenSees 模型构造改进分析

基于试验结果及 ABAQUS 参数分析结论,前文已得出 EHSW 最优化设计方案,即预应力筋根数取 3 根,预拉力宜为 416.6 kN,浆锚钢筋无粘结长度宜为 150 mm,但其前提是 EHSW 构造基本保持不变,仍然遵循的是"等同现浇"理念。为进一步提高

EHSW 抗震性能,基于全装配式剪力墙理念,以最优化设计 EHSW 为比较对象,探讨预应力筋位置、预应力筋种类、预应力筋粘结情况、竖向分布钢筋连接方案等不同构造改进措施对 EHSW 抗震性能的影响,最终确定更为高效、可靠的 EHSW 最优构造。

为了使对比更为简单,所有改进模型及最优化设计 EHSW 的本构材料参数不再沿用试验实测值,而采用《混凝土结构设计规范》(GB 50010—2010)[55]规定的设计值重新进行标定,本构模型曲线的计算过程此处不再赘述。

7.3.1 预应力筋位置

此处讨论无粘结预应力钢筋布置位置对 EHSW 抗震性能的影响。其中在第一种改进方案中预应力钢筋分别位于墙身截面中心和两端暗柱区域中心,各处设置一根;第二种改进方案中预应力钢筋分别位于两端暗柱区域中心,各处设置两根;第三种改进方案中预应力钢筋位置和第二种相同,区别之处在于预应力钢筋数量改为一根。各方案中单根预应力钢绞线的预拉力均为 139 kN,以上三种改进方案分别简称为 EHSW-G1、EHSW-G2 和 EHSW-G3。除预应力钢筋位置及数量变化外,其他条件均与前文最优化设计 EHSW 相同。

各改进方案截面示意图(截面取自底部浆锚区域)见图 7-8。

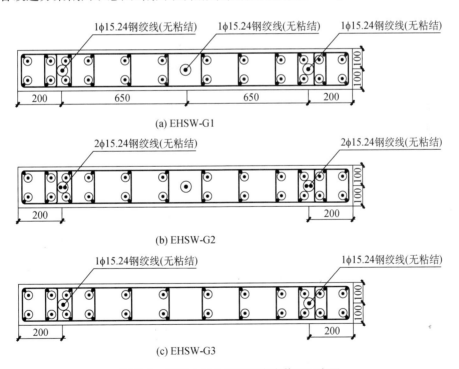

图 7-8 预应力筋位置改进方案截面示意图

各模型模拟所得计算结果见图 7-9 和表 7-2 所示。

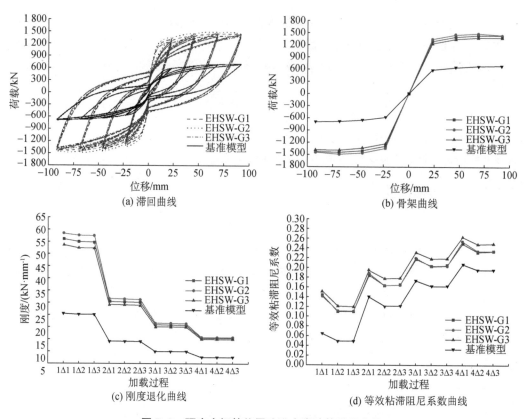

图 7-9　预应力钢筋位置改进方案计算结果曲线

表 7-2　预应力钢筋位置改进方案计算数据

模型类型	屈服荷载/kN	峰值荷载/kN	等效屈服位移/mm	位移延性系数
EHSW-G1	1 302.77	1 441.57	25.71	3.58
EHSW-G2	1 351.49	1 484.76	25.41	3.62
EHSW-G3	1 247.67	1 383.40	25.76	3.57
基准模型	597.09	692.91	27.19	3.38

注:本章对位移延性系数计算公式中的屈服位移 Δ_y 采用 Park 法确定,由于各模型在模拟加载过程中荷载未发生明显下降,故取终止加载位移作为极限位移 Δ_u。

　　由滞回曲线图和骨架曲线图可以看出,各改进模型滞回环形状基本相近,整体呈较为饱满的反"S"型。各模型骨架曲线走势基本接近,屈服后曲线继续缓慢上升,表明试件承载力仍然有一定程度的提高,接近峰值荷载后,曲线基本平缓,未发生明显的承载力突降,说明加载后期大位移条件下模型仍能保持足够的承载力,延性表现良好。

　　调整无粘结预应力钢筋位置明显增大了预应力筋的内力臂,从而充分发挥预应力筋的抗弯作用,大幅度提高模型的承载能力,EHSW-G1、EHSW-G2 和 EHSW-G3 的峰值荷载相较于基准模型分别提高了 108%、114% 和 99%。

在预应力钢筋张拉控制应力不变的前提下,EHSW-G1 的屈服荷载较基准模型提高了 118%,等效屈服位移有所减小,位移延性系数相应提高了 5%。同时,可以发现保持预应力钢筋布置于两端暗柱中心处不变,总预拉力由 EHSW-G3 的 278 kN 提高至 EHSW-G2 的 556 kN,屈服荷载显著提高,等效屈服位移有所减小,相应的位移延性系数也有小幅提高,模型变形能力有所增强。

由刚度退化曲线图可知,三种改进模型的刚度较基准模型均有明显提高,说明调整预应力钢筋位置(暗柱区域布置有预应力钢筋)可以大幅提高模型初始刚度,各模型刚度退化趋势大体相同,其中 EHSW-G1、EHSW-G2 和 EHSW-G3 随着位移加载等级的提高,较基准模型刚度提高效应逐渐减小,但始终处于基准模型刚度退化曲线之上,后期大位移加载情况下,三种改进模型的刚度退化曲线趋于重合,表现出相近的刚度特性。

改变预应力钢筋位置对等效粘滞阻尼系数也有较大影响,各改进模型的耗能能力与基准模型相比较均有了显著提升。其中,EHSW-G1 和 EHSW-G2 模型的耗能能力基本相当,随着加载位移的增大,EHSW-G3 模型表现更好,均在前两种改进模型曲线上方浮动,分析认为是由于 EHSW-G3 较 EHSW-G1 和 EHSW-G2 预应力筋预拉力有所减小,提前了钢筋屈服,在相同极限位移条件下,浆锚钢筋屈服程度提高了,增强了钢筋屈服耗能,也在一定程度上提高了模型的耗能能力。

总体来看,三种改进模型的各项抗震性能指标较为接近,较基准模型均有显著提高,表现出良好的抗震性能。综合考量实际施工中可以采用性能稍优的第二种改进方案,以期达到更为理想的抗震性能。

7.3.2 预应力筋种类

此处讨论改变预应力钢筋种类对 EHSW 抗震性能的影响。在最优化设计 EHSW 的基础上将原预应力钢筋种类由 1860 级 ϕ 15.24 预应力钢绞线替换为直径 32 mm 的 930 级预应力螺纹钢筋,本改进方案简称 EHSW-G4,其余条件均和前文最优化设计 EHSW 相同。

模拟所得计算结果见图 7-10 和表 7-3。

表 7-3 预应力筋种类方案计算数据

模型类型	屈服荷载/kN	峰值荷载/kN	等效屈服位移/mm	位移延性系数
EHSW-G4	603.75	702.17	27.35	3.36
基准模型	597.09	692.91	27.19	3.38

注:本章对位移延性系数计算公式中的屈服位移 Δ_y 采用 Park 法确定,由于各模型在模拟加载过程中荷载未发生明显下降,故取终止加载位移作为极限位移 Δ_u。

由骨架曲线图、刚度退化曲线图、等效粘滞阻尼系数曲线图以及表 7-3 可以看出,预应力钢筋类型的改变对模型承载力、耗能以及位移延性系数几乎没有影响,说明预应力钢筋种类的改变对 EHSW 的抗震性能影响非常小,两者具有等同的抗震性能。

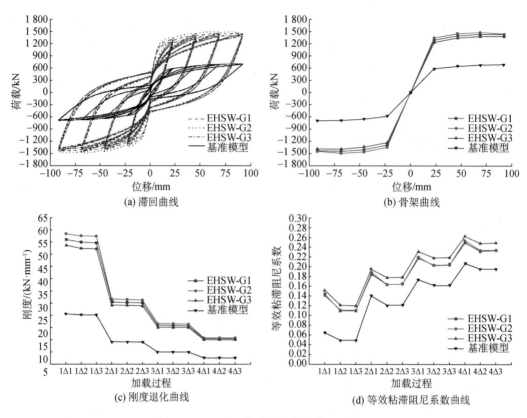

图 7-10　预应力筋种类方案计算结果曲线

因此,实际施工中为了方便施工可以直接考虑采用预应力钢绞线进行预应力的施加。

7.3.3　预应力筋粘结情况

此处讨论预应力钢筋粘结情况对 EHSW 抗震性能的影响。在最优化设计 EHSW 的基础上将通长设置的无粘结预应力钢筋改为有粘结预应力钢筋,其余条件均与最优设计 EHSW 相同,本方案简称 EHSW-G5。

模拟所得计算结果见图 7-11 和表 7-4。

表 7-4　预应力筋粘结情况计算数据

模型类型	屈服荷载/kN	峰值荷载/kN	等效屈服位移/mm	位移延性系数
EHSW-G5	608.98	682.11	27.06	3.37
基准模型	597.09	692.91	27.19	3.38

由滞回曲线图可知,改为通长有粘结预应力钢筋后模型的捏拢效应有所减弱,残余变形增大,结构塑性变形增大。

由骨架曲线图和表 7-4 可知,虽然 EHSW-G5 模型的峰值荷载较基准模型略有减小,但屈服荷载和位移延性系数较均与基准模型基本一致,说明变形能力基本相当。

从刚度退化曲线图中可以看出,从开始加载至 2Δ 位移循环 EHSW-G5 的刚度较基

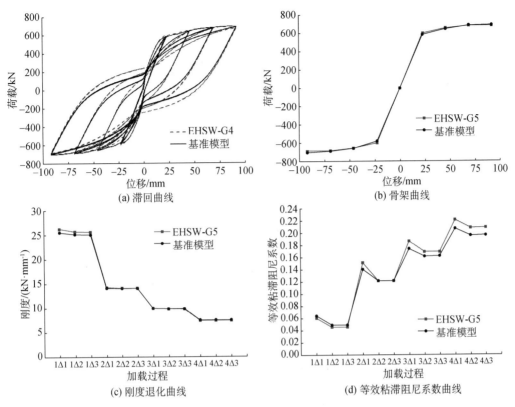

图 7-11   预应力筋粘结情况计算结果曲线

准模型有小幅提高,说明改为通长有粘结预应力钢筋后混凝土整体强度增大,有效提高了模型加载初期的刚度,从 2Δ 位移循环开始随着有粘结预应力混凝土的局部损伤逐渐加大,EHSW-G5 模型的刚度在加载中后期逐渐减小,刚度退化曲线与基准模型基本重合,体现出等同的刚度特性。

从等效粘滞阻尼系数曲线图中可以看出,加载初期 EHSW-G5 的耗能能力略低于基准模型,但从 2Δ 位移循环开始 EHSW-G5 的耗能能力开始超过基准模型,并随着加载位移的增大,EHSW-G5 的耗能能力逐渐提高,在 3Δ 位移循环开始后均在基准模型曲线之上浮动。这说明中后期有粘结预应力混凝土损伤明显增大,提高了模型的耗能能力。

总体来看,两者抗震性能基本相当,实际施工中可以采用两者相结合的方式,以期达到更为理想的抗震性能。

7.3.4   竖向分布钢筋连接方案

此处讨论竖向分布钢筋的相关连接改进措施,其中改进方向分为两类:第一类是调整墙体中部区域的竖向分布钢筋的直径和数量,以尽量减小钢筋连接工作量;第二类是考虑直接取消竖向分布钢筋的连接。

1) 调整竖向分布钢筋直径和数量

此类改进方案中分别用 4C14 和 3C16 去替换最优化设计 EHSW 墙体中部区域的

8C10,替换钢筋均置于截面厚度一半处,其余条件均和前文原最优化设计 EHSW 相同,分别简称为 EHSW-G6 和 EHSW-G7。

改进方案具体示意图(截面取自墙体上部非浆锚区)见图 7-12。

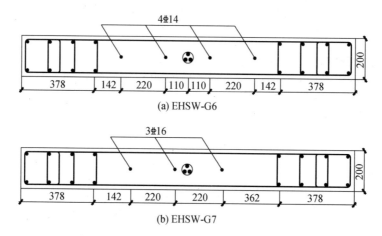

图 7-12　调整竖向分布钢筋改进方案截面示意图

模拟所得计算结果见图 7-13 和表 7-5。

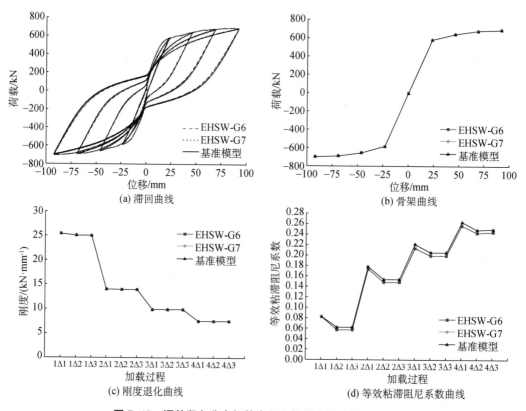

图 7-13　调整竖向分布钢筋直径和数量方案计算结果曲线

表 7-5　调整竖向分布钢筋直径和数量方案计算数据

模型类型	屈服荷载/kN	峰值荷载/kN	等效屈服位移/mm	位移延性系数
EHSW-G6	596.61	692.39	27.20	3.38
EHSW-G7	596.16	691.33	27.18	3.38
基准模型	597.09	692.91	27.19	3.38

由滞回曲线图、骨架曲线图、刚度退化曲线图及表 7-5 可以看出，EHSW-G6、EHSW-G7 和基准模型的捏拢效应、承载力、刚度、位移延性系数几乎完全相同，这说明剪力墙(除暗柱区域)竖向分布钢筋的改变对 EHSW 的抗震性能影响非常小。

从等效粘滞阻尼系数曲线图中可以看出，EHSW-G6、EHSW-G7 和基准模型曲线变化趋势均一致，其中 EHSW-G7 和基准模型曲线几近于重合，EHSW-G6 曲线在其下浮动，说明 EHSW-G7 和基准模型耗能能力相当，EHSW-G6 稍弱一点，总体来看三者基本处于同一耗能水平线上。

因此，实际施工制作时，可以选择钢筋用量更少的 EHSW-G7 模型，不仅方便施工、节约钢材，而且还能达到和原始配筋等同的抗震性能。

2) 取消竖向分布钢筋连接

将墙体中部区域(除两端暗柱区域)的浆锚钢筋全部取消，即剪力墙底部区域只有暗柱区域存在浆锚钢筋，中部区域底部拼缝处与底座之间保持无竖向钢筋粘结的状态，其余条件均和前文原最优化设计 EHSW 相同，本改进方案简称为 EHSW-G8。

改进方案示意图(截面取自底部浆锚区域)如图 7-14 所示。

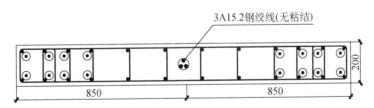

图 7-14　取消竖向分布钢筋连接方案截面示意图

模拟所得计算结果见图 7-15 和表 7-6。

表 7-6　取消竖向分布钢筋连接方案计算数据

模型类型	屈服荷载/kN	峰值荷载/kN	等效屈服位移/mm	位移延性系数
EHSW-G8	620.85	722.56	27.06	3.40
基准模型	597.09	692.91	27.19	3.38

由滞回曲线图可以看出，墙体中部区域底部接缝处普通钢筋的断开对模型整体的捏拢效应有一定的影响，呈现出略微增强的趋势，模型的残余变形略微有所减小。

从骨架曲线图和表 7-6 中可以看出，EHSW-G8 的峰值荷载较基准模型提高了

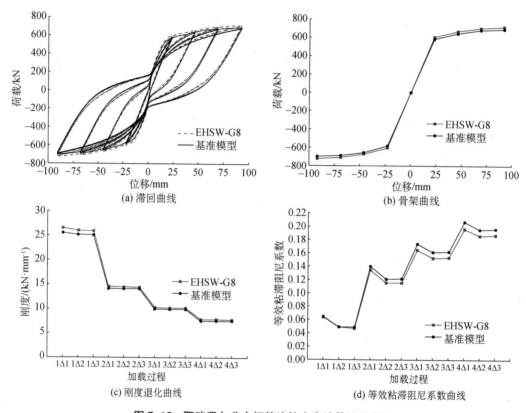

图 7-15　取消竖向分布钢筋连接方案计算结果曲线

4.5%,说明墙体中部区域底部接缝处普通钢筋的断开与底座保持无粘结状态,对结构的承载能力有小幅提高。

EHSW-G8 模型的屈服强度较基准模型提高了 4%,等效屈服位移和位移延性系数与基准模型基本一致,说明两者变形能力基本相当。

EHSW-G8 模型初始刚度较基准模型有小幅提高,但随着加载等级的提高,两者差距有所减小并逐渐保持稳定,加载中后期 EHSW-G8 模型刚度退化曲线与基准模型总体比较接近,表现出相近的刚度特性。

由等效粘滞阻尼系数曲线图可知,从初始加载至 2Δ 位移循环 EHSW-G8 与基准模型耗能能力相当,由于剪力墙中部没有普通钢筋参与耗能,所以 2Δ 位移循环开始耗能能力较基准模型有所降低,随着位移加载等级的提高,和基准模型之间的差距逐渐变大,但总体数值差仍维持在较低水平。这说明墙体中部竖向分布钢筋不连续,这在一定程度上降低了模型的耗能能力,但总体来看对模型整体耗能并没有过多削弱,仍然满足抗震性能要求。

7.3.5　构造改进方案的确定

基于前述各改进构造分析得出的较优方案,提出一种最优设计方案,以期达到 EHSW 体系的最佳抗震性能。结合上述分析综合考虑,得出以下改进方案,墙体中部区

域(除两端暗柱区域)竖向钢筋采用 3C16,钢筋均置于墙体截面厚度一半处,钢筋间距
220 mm,并且墙体中部区域竖向分布钢筋不连接。预应力钢筋采用 1860 级 ϕ 15.24 预应
力钢绞线,两端暗柱中心区域各设置两根,整体为通长无粘结状态,总预拉力为556 kN,
本改进方案简称为 EHSW-G9。

根据上文相关计算和分析结果,比较前文各改进构造中的较优方案可以发现 EHSW-
G2 的综合抗震性能最优,因此选取 EHSW-G2 作为本节设想最优方案的对照模型。

构造改进方案示意图(截面取自底部浆锚区域)如图 7-16 所示。

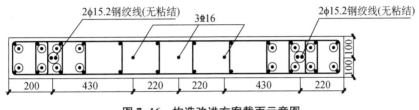

图 7-16 构造改进方案截面示意图

模拟所得计算结果见图 7-17 和表 7-7。

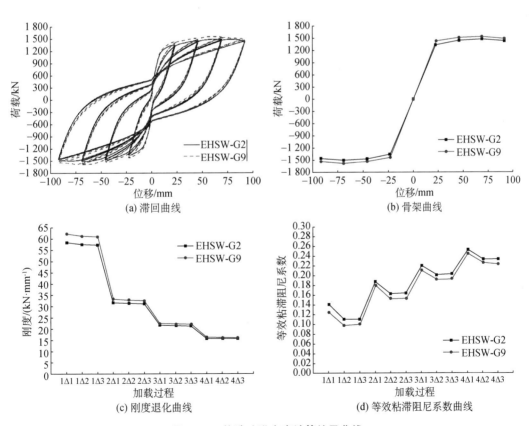

图 7-17 构造改进方案计算结果曲线

表 7-7　构造改进方案计算数据

模型类型	屈服荷载/kN	峰值荷载/kN	等效屈服位移/mm	位移延性系数
EHSW-G9	1 440.74	1 542.73	24.74	3.72
EHSW-G2	1 351.49	1 484.76	25.41	3.62

　　由滞回曲线图可以看出,各模型滞回环形状基本相近,整体呈较为饱满的反"S"型。EHSW-G9 较 EHSW-G2 捏拢效应更好,说明模型的残余变形略有减小。分析由于墙体中部区域底接缝处钢筋断开,相当模型的自复位能力得到了小幅提高。

　　从骨架曲线图和表 7-7 中可以看出,EHSW-G9 的承载能力较 EHSW-G2 略有提升,峰值荷载提高了 4%,屈服荷载提高了近 7%,等效屈服位移有所下降,位移延性系数相应得到提高,说明模型变形能力得到了增强。

　　从刚度退化曲线图中可以看出,EHSW-G9 的初始刚度较 EHSW-G2 有明显提高,随着位移加载等级的提高,刚度提高效应逐渐降低,两者表现出相近的刚度特性。

　　由等效粘滞阻尼系数曲线图可以看出,各模型的等效粘滞阻尼系数都是随着位移的增加而逐渐变大,这说明两者的损伤均在不断发展。EHSW-G9 较 EHSW-G2 而言,等效粘滞阻尼系数有所减小,即滞回曲线饱满程度下降。分析认为由于 EHSW-G9 中部区域配筋略有减少,同时底座接缝处钢筋与底座完全断开保持无粘结状态,相当于直接削减了耗能构件,因此在位移加载过程中,塑性变形较小一些,这在一定程度上也延缓了暗柱区域钢筋屈服,从而模型耗能能力有些许降低。

　　综上所述,本改进模型抗震性能总体优于 EHSW-G2,最终确定为最优设计构造,即图 7-16 所示截面配置方案。

参考文献

［1］ Yee A A. Social and environmental benefits of precast concrete technology[J]. PCI Journal, 2001, 46(3): 14-19

［2］ Yee A A. Structural and economic benefits of precast/prestressed concrete construction[J]. PCI Journal, 2001, 46(4): 34-43

［3］ 新华社. 中共中央 国务院关于进一步加强城市规划建设管理工作的若干意见[EB/OL]. http://www.gov.cn/zhengce/2016-02/21/content_5044367.htm, 2016-2-6

［4］ 中国建筑学会.《建筑产业现代化发展纲要》明确5～10年间产业化发展目标[EB/OL]. http://www.chinaasc.org/news/116689.html, 2017-6-19

［5］ American Concrete Institute (ACI). ACI 550. 1R-09 guide to emulating cast-in-place detailing for seismic design of precast concrete structures [R]. Farmington Hills, MI. 2009

［6］ Priestley M. Overview of PRESSS research program [J]. PCI Journal, 1991, 36(4): 50-57

［7］ Nigel Priestley M, Sritharan S, Conley J, et al. Preliminary results and conclusions from the PRESSS five-story precast concrete test building [J]. PCI Journal, 1999, 44(6): 42-67

［8］ Soudki K A, Rizkalla S H, Daikiw R W. Horizontal connections for precast concrete shear walls subjected to cyclic deformations part 2: prestressed connections [J]. PCI Journal, 1995, 40(5): 82-96

［9］ Felipe J. Perez, Stephen Pessiki, Richard Sause. Lateral load behavior of unbonded post-tensioned precast concrete walls with vertical joints [J]. PCI Journal, 2004, March-April: 48-64

［10］ Felipe J. Perez, Stephen Pessiki, Richard Sause. Lateral load behavior of unbonded post-tensioned precast concrete walls with vertical joints [J]. PCI Journal, 2004, January-February: 58-79

［11］ Felipe J. Perez, Richard Sause, Stephen Pessiki. Analytical and experimental lateral load behavior of unbonded posttensioned precast concrete walls [J]. J. Struc. Eng, 2007, 133 (11): 58-79

［12］ ACI Innovation Task Group 5. ACI ITG 5. 1-07 Acceptance Criteria for Special Unbonded Post-Tensioned Precast Structural Walls Based on Validation Testing [R]. American Concrete Institute, Farmington Hills, MI, 2007

［13］ ACI Innovation Task Group 5. ACI ITG 5. 2-09 requirements for design of a special unbonded post-tensioned precast shear wall satisfying ACI ITG - 5.1 [R], American Concrete Institute, Farmington Hills, MI, 2009

［14］ Kurama Y. Seismic design of unbonded post tensioned precast walls with supplemental viscous damping [J]. ACI Structural Journal, 2000, 97(4), 648-658

［15］ Kurama Y. Simplified seismic design approach for friction damped unbonded post tensioned precast walls [J]. ACI Structural Journal, 2001, 98(5), 705-716

［16］ Ajrab J, Pekcan G, Mander J. Rocking wall-frame structures with supplemental tendon systems

［J］. Journal of Structural Engineering，2004，130(6)，895-903

［17］Perez F，Pessiki S，Sause R. Seismic design of unbonded post-tensioned precast concrete walls with vertical joint connectors［J］. PCI Journal，2004，49(1)，58-79

［18］Perez F，Pessiki S，Sause R. Lateral load behavior of unbonded post-tensioned precast concrete walls with vertical joints.［J］PCI Journal，2004，49(2)，48-64

［19］Hamid N H，Mander J B. Lateral seismic performance of multipanel precast hollowcore walls［J］. J. Struc. Eng，2010，136(7)：795-804

［20］Kurama Y. Hybrid post-tensioned precast concrete walls for use in seismic regions［J］. PCI Journal，2002，47(5)：36-59

［21］Smith B J，Kurama Y C，McGinnis M J. Design and measured behavior of a hybrid precast concrete wall specimen for seismic regions［J］. J. Struc. Eng，2007，137(10)：58-79

［22］Sritharan Sri，et al. Precast concrete wall with end columns (PreWEC) for earthquake resistant design［J］. Earthquake Engineering & Structural Dynamics，2015，44(12)：2075-2092

［23］Lu X，Wu H，Zhou Y. Seismic collapse assessment of self-centering hybrid precast walls and conventional reinforced concrete walls［J］. Structural concrete，2017，18(6)：938-949

［24］Gu A，Zhou Y，Xiao Y，et al. Experimental study and parameter analysis on the seismic performance of self-centering hybrid reinforced concrete shear walls［J］. Soil Dynamics and Earthquake Engineering，2019，116：409-420

［25］Peikko O. Tests on peikko wall connections［R］. Finland：Peikko Group Corporation，2009：1-7

［26］Bora C，Oliva M G，Nakaki S D，et al. Development of a precast concrete shear-wall system requiring special code acceptance［J］. PCI Journal，2007，January - February：2-15

［27］Semelawy M E，Damatty A E，Soliman A M. Novel anchor-jointed precast shear wall：testing and validation［J］. Structures and Buildings，2015，168(4)：263-274

［28］薛伟辰，古徐莉，胡翔，等. 螺栓连接装配整体式混凝土剪力墙低周反复试验研究［J］. 土木工程学报，2014，47(S2)：221-226

［29］薛伟辰，褚明晓，刘亚男，等. 高轴压比下新型预制混凝土剪力墙抗震性能［J］. 哈尔滨工程大学学报，2018，37(3)：452-460

［30］Dusicka P，Thomaskay. In-plane lateral cyclic behavier of insulated coucrete form gvid walls［J］. J. Struc. Eug，2011，137(10)：1075-1084

［31］Holden T，Restrepo J，Mander J B. Seismic performance of precast reinforced and prestressed concrete walls［J］. J. Struc. Eng，2003，129(3)：286-296

［32］中华人民共和国行业标准. 装配式混凝土结构技术规程 JGJ 1—2014［S］. 北京：中国建筑工业出版社，2014

［33］中华人民共和国国家标准. 装配式混凝土建筑技术标准 GB/T 51231—2016［S］. 北京：中国建筑工业出版社，2016

［34］Chen X，Liu M，Biondini F，et al. Structural behavior of precast reinforced concrete shear walls with large-diameter bars［J］. ACI Structural Journal，2019，116(5)：77-86

［35］Li J，Fan Q，Lu Z，et al. Experimental study on seismic performance of T-shaped partly precast reinforced concrete shear wall with grouting sleeves［J］. The Structural Design of Tall and Special Buildings，2019，28(13)：e1632

[36] 王墩，吕西林，卢文胜. 带接缝连接梁的预制混凝土剪力墙抗震性能试验研究[J]. 建筑结构学报，2013，34(10)：1-11

[37] 焦安亮，张鹏，李永辉，等. 环筋扣合锚接连接预制剪力墙抗震性能试验研究[J]. 建筑结构学报，2015，36(5)：103-109

[38] 焦安亮，张中善，郜玉芬，等. 装配式环筋扣合锚接混凝土剪力墙足尺拟动力试验研究[J]. 工业建筑，2017，47(4)：45-50

[39] Wang W，Li A，Wang X. Seismic performance of precast concrete shear wall structure with improved assembly horizontal wall connections[J]. Bulletin of Earthquake Engineering，2018，16(9)：4133-4158

[40] Chu M，Liu J，Sun Z. Experimental study on mechanical behaviors of new shear walls built with precast concrete hollow moulds [J]. European Journal of Environmental and Civil Engineering，2019，23(12)：1424-1443

[41] Han W，Zhao Z，Qian J，et al. Experimental seismic behavior of squat shear walls with precast concrete hollow moulds [J]. Earthquake Engineering and Engineering Vibration，2019，18(4)：871-886

[42] 连星，叶献国，王德才，等. 叠合板式剪力墙的抗震性能试验分析[J]. 合肥工业大学学报(自然科学版)，2009，32(8)：105-109

[43] 肖全东. 装配式混凝土双板剪力墙抗震性能试验与理论研究[D]. 南京：东南大学，2015

[44] 章红梅，吕西林，段元锋，等. 半预制钢筋混凝土叠合墙(PPRC-CW)非线性研究[J]. 土木工程学报，2010，43(S2)：93-100

[45] Shen S D，Pan P，Miao Q S，et al. Test and analysis of reinforced concrete (RC) precast shear wall assembled using steel shear key (SSK)[J]. Earthquake Engineering & Structural Dynamics，2019，48(14)：1595-1612

[46] 孙建，邱洪兴，蒋洪波. 螺栓连接装配一字形钢筋混凝土剪力墙承载力分析[J]. 建筑结构学报，2019(8)：23-30

[47] 中华人民共和国国家标准. 建筑抗震设计规范 GB 50011-2010[S]. 北京：中国建筑工业出版社，2010

[48] 钱稼茹，杨新科，秦珩，等. 竖向钢筋采用不同连接方法的预制钢筋混凝土剪力墙抗震性能试验[J]. 建筑结构学报，2011，32(6)：51-59

[49] 陈云钢，刘家彬，郭正兴，等. 装配式剪力墙水平拼缝钢筋浆锚搭接抗震性能试验[J]. 哈尔滨工业大学学报，2013，45(6)：83-89

[50] 刘家彬，陈云钢，郭正兴，等. 装配式混凝土剪力墙水平拼缝 U 型闭合筋连接抗震性能试验研究[J]. 东南大学学报(自然科学版)，2013，43(3)：565-570

[51] 刘家彬，陈云钢，郭正兴，等. 竖向新型连接装配式剪力墙抗震性能试验研究[J]. 湖南大学学报(自然科学版)，2013，41(4)：16-24

[52] 刘家彬，陈云钢，郭正兴，等. 螺旋箍筋约束波纹管浆锚装配式剪力墙的抗震性能[J]. 华南理工大学学报(自然科学版)，2014，42(1)：92-98

[53] 中华人民共和国行业标准. 预应力混凝土结构抗震设计规程 JGJ 140—2004[S]. 北京：中国建筑工业出版社，2004

[54] 中华人民共和国行业标准. 无粘结预应力混凝土结构技术规程 JGJ 92—2004[S]. 北京：中国建筑

工业出版社，2005

[55] 中华人民共和国国家标准. 混凝土结构设计规范 GB 50010—2010[S]. 北京：中国建筑工业出版社，2010

[56] 中华人民共和国行业标准. 高层建筑混凝土结构技术规程 JGJ 3—2010[S]. 北京：中国建筑工业出版社，2010

[57] 中华人民共和国国家标准. 混凝土强度检验评定标准 GB/T 50107—2010[S]. 北京：中国建筑工业出版社，2010

[58] 中华人民共和国行业标准. 建筑抗震试验方法规程 JGJ/T 101—2015[S]. 北京：中国建筑工业出版社，2015

[59] 黄志华，吕西林，周颖. 钢筋混凝土剪力墙的变形能力及基于性能的抗震设计[J]. 地震工程与工程振动，2009，29(5)：86-93

[60] 唐久如. 钢筋混凝土框架节点抗震[M]. 南京：东南大学出版社，1989

[61] 朱张峰，郭正兴. 不同轴压比新型混合装配式混凝土剪力墙抗震性能试验研究[J]. 工程力学，2019，33(12)：143-149，166

[62] 朱张峰，郭正兴，汤磊. 不同无粘结长度新型混合装配式混凝土剪力墙抗震性能试验[J]. 工程力学，2016，33(8)：52-57

[63] 朱张峰，郭正兴，汤磊，等. 考虑不同预拉力的新型混合装配式混凝土剪力墙抗震性能试验[J]. 湖南大学学报(自然科学版)，2015，42(11)：41-48

[64] 朱张峰，郭正兴，汤磊. 新型混合装配式混凝土剪力墙抗震性能试验研究及有限元分析[J]. 土木工程学报，2018，51(03)：41-48

[65] Park R. Evaluation of ductility of structures and structural subassemblages from laboratory testing [J]. Bull. New Zealand Natl. Soc. Earthquake Eng.，22(3)，155-166

[66] 庄苗. ABAQUS 非线性有限元分析与实例[M]. 北京：科学出版社，2005

[67] Dassault Systemes SIMULIA Corp. ABAQUS analysis user's manual version 6.14[M]. Waltham, MA，2014

[68] 过镇海，时旭东. 钢筋混凝土原理和分析[M]. 北京：清华大学出版社，2003

[69] 张劲，王庆扬，胡守营，等. ABAQUS 混凝土损伤塑性模型参数验证[J]. 建筑结构，2008，38(8)：127-130

[70] Birtel V，Mark P. Parameterized finite element modeling of RC [C]. ABAQUS Users' Conference，2006

[71] 陆新征，叶列平，缪志伟，等. 建筑抗震弹塑性分析：原理、模型与在 ABAQUS，MSC.MARC 和 SAP2000 上的实践[M]. 北京：中国建筑工业出版社，2009

[72] 汤磊. 预制装配混凝土剪力墙结构新型混合装配技术研究[D]. 南京：东南大学，2016

[73] ACI Committee 318. ACI 318-11 building code requirements for structural concrete and commentary[S]. American Concrete Institute，MI，2011

[74] Du G C，Tao X K. Ultimate stress of unbonded tendons in partially prestressed concrete beams [J]. PCI Journal，1985，30(6)：72-91

[75] 吕西林，金国芳，吴晓涵. 钢筋混凝土结构非线性有限元理论与应用[M]. 上海：同济大学出版社，1997

[76] 蒋欢军，吕西林. 用一种墙体单元模型分析剪力墙结构[J]. 地震工程与工程振动，1998，18(3)：

40-48

[77] 钱稼茹，徐福江. 钢筋混凝土剪力墙基于位移的变形能力设计方法[J]. 清华大学学报：自然科学版，2007，47(3)：1-4

[78] Priestley M J N. Aspect of drift and ductility capacity of rectangular cantilever structural walls [J]. Bulletin of New Zealand Society for Earthquake Engineering, 1998, 31(2)：73-85

[79] 张国军，吕西林，刘伯权. 轴压比超限时框架柱的恢复力模型研究[J]. 建筑结构学报，2006，27(1)：90-98

[80] 李莉. 高强混凝土-型钢组合剪力墙抗震性能试验及理论研究[D]. 北京：北京工业大学，2008

[81] 刘鸿亮. 带约束拉杆双层钢板内填混凝土组合剪力墙抗震性能研究[D]. 广州：华南理工大学，2013

[82] 李晓蕾. 高层建筑短肢剪力墙结构的力学模型与试验研究[D]. 西安：西安建筑科技大学，2011

[83] 白亮. 型钢高性能混凝土剪力墙抗震性能及性能设计理论研究[D]. 西安：西安建筑科技大学，2009

[84] 王坤. 基于损伤的钢筋混凝土剪力墙恢复力模型试验研究[D]. 西安：西安建筑科技大学，2011

[85] 魏旭. 密肋复合墙结构恢复力模型研究[D]. 西安：西安建筑科技大学，2008

[86] 曾航. 密肋复合墙结构恢复力模型及影响因素研究[D]. 西安：西安建筑科技大学，2011

[87] 宋文山. 带竖缝剪力墙板的非线性有限元分析及恢复力模型研究[D]. 天津：天津大学，2009

[88] 马峰. 轴压比的变化对格构式复合剪力墙抗震性能影响的试验研究[D]. 天津：天津大学，2000

[89] 连星，叶献国，蒋庆. 叠合板式剪力墙恢复力模型特征参数计算方法[J]. 华侨大学学报(自然科学版)，2010，31(1)：88-94

[90] 寇佳亮，梁兴文，邓明科. 纤维增强混凝土剪力墙恢复力模型试验与理论研究[J]. 土木工程学报，2013，46(10)：58-70

[91] 李兵，李宏男，曹敬党. 钢筋混凝土高剪力墙拟静力试验[J]. 沈阳建筑大学学报(自然科学版)，2009，25(2)：230-234

[92] 李兵，李宏男，曹敬党. 钢筋混凝土低剪力墙拟静力试验及滞回模型[J]. 沈阳建筑大学学报(自然科学版)，2010，26(5)：869-874

[93] Mckenna F, Fenves G L. Open System for Earthquake Engineering Simulation (OpenSees) User Manual[M]. Pacific Earthquake Engineering Research Center, University of California, Berkeley, 2006

[94] Taucer F F, Spacone E, Filippou F C. A fiber beam-column element for seismic response analysis of reinforced concrete structures[R]. Berkeley：UCB/EERC-91/17, 1991

[95] Scott B D, Park P, Priestley M J N. Stress-strain behavior or concrete confined by over lapping hoops at low and high strain rates[J]. ACI Journal, 1982, 79(1)：13-27